Birgit und Heinz Mehlhorn

Gesunde Katzen

Schmusen ohne Gefahr

Springer-Verlag
Berlin Heidelberg New York
London Paris Tokyo
Hong Kong Barcelona
Budapest

Birgit Mehlhorn (Studienrätin)
Prof. Dr. Heinz Mehlhorn
Lehrstuhl für Spez. Zoologie und Parasitologie
Ruhr-Universität Bochum
Universitätsstr. 150
44780 Bochum

Mit 74 meist farbigen Abbildungen

ISBN-13: 978-3-540-56665-6   e-ISBN-13: 978-3-642-93543-5
DOI: 10.1007/978-3-642-93543-5

Dieses Werk ist urheberrechtlich geschützt. Die dadurch begründeten Rechte, insbesondere die der Übersetzung, des Nachdrucks, des Vortrags, der Entnahme von Abbildungen und Tabellen, der Funksendung, der Mikroverfilmung oder der Vervielfältigung auf anderen Wegen und der Speicherung in Datenverarbeitungsanlagen, bleiben, auch bei nur auszugsweiser Verwertung, vorbehalten. Eine Vervielfältigung dieses Werkes oder von Teilen dieses Werkes ist auch im Einzelfall nur in den Grenzen der gesetzlichen Bestimmungen des Urheberrechtsgesetzes der Bundesrepublik Deutschland vom 9. September 1965 in der jeweils gültigen Fassung zulässig. Sie ist grundsätzlich vergütungspflichtig. Zuwiderhandlungen unterliegen den Strafbestimmungen des Urheberrechtsgesetzes.
© Springer-Verlag Berlin Heidelberg 1993

Die Wiedergabe von Gebrauchsnamen, Handelsnamen, Warenbezeichnungen usw. in diesem Werk berechtigt auch ohne besondere Kennzeichnung nicht zu der Annahme, daß solche Namen im Sinne der Warenzeichen- und Markenschutzgesetzgebung als frei zu betrachten wären und daher von jedermann benutzt werden dürften.
Produkthaftung: Für Angaben über Dosierungsanweisungen und Applikatkationsformen kann vom Verlag keine Gewähr übernommen werden. Derartige Angaben müssen vom jeweiligen Anwender im Einzelfall anhand anderer Literaturstellen auf ihre Richtigkeit überprüft werden.
Redaktion: Ilse Wittig, Heidelberg
Umschlaggestaltung: Bayerl & Ost, Frankfurt, unter Verwendung eines Photos von H. Schmidbauer, Eric Bach Superbild, Grünwald-München
Herstellung und Innengestaltung: Bärbel Wehner, Heidelberg
Satz: Fa. M. Masson-Scheurer, Kirkel
Reproduktion der Abbildungen: Gustav Dreher, Stuttgart

67/3130-5 4 3 2 1 0 – Gedruckt auf säurefreiem Papier

Inhaltsverzeichnis

1 Was ist ein Parasit? 1

2 Wann suche ich nach Parasiten? 5

3 Wo suche ich nach Parasiten? 12
Parasitenstadien im Fell oder im Körbchen 14
Makroskopisch sichtbare Parasitenstadien
im Kot 16
Mit bloßem Auge erkennbare Parasiten
in Erbrochenem bzw. im Nasensekret 18

4 Wie kann sich meine Katze infizieren? .. 19

**5 Welche Erreger von Krankheiten
der Katze bedrohen auch den Menschen?** .. 22
Viren 22
Bakterien 27
Pilze 29
Parasiten 31
    Toxoplasma gondii – Erreger der
    Toxoplasmose beim Menschen 32
    Echinococcus multilocularis –
    Erreger der alveolären Echinococcose 39
    Toxocarose des Menschen 44
    Hakenwurmkrankheit – Hautmaulwurf 46

6 Wie schütze ich meine Familie und meine Katze vor Parasiten und vor den damit verbundenen Gefahren? 49

Nahrung	49
Beseitigung des Kots	50
Grundsäuberung der Lagerstätten im Haus	51
Entwesung der Lagerstätten	51
Tragen von Ungezieferhalsbändern	51
Regelmäßige Fellpflege	52
Regelmäßige Kotuntersuchungen bzw. Wurmkuren	52
Sorgfältige Beobachtung	52
Persönliche Sauberkeit im Umgang mit Katzen	53
Meiden von fremden Katzen im Urlaub	53

7 Welche Parasiten gibt es? 54

Parasiten der Körperoberfläche	55
Zecken	55
Milben	69
Flöhe	92
Mücken	104
Fliegen	109
Haarlinge, Beißläuse	112
Hautleishmanien	115
Parasiten des Darmsystems	117
Giardia cati	118
Toxoplasma gondii	121
Cystoisospora-Arten	125
Sarcocystis-Arten	128
Cryptosporidium-Arten	132
Darm- und Leberegel	134
Fischbandwurm	138
Katzenbandwurm	142
Gurkenkernbandwurm	144
Fuchsbandwurm	148

Mesocestoides-Arten.	152
Spulwürmer	154
Hakenwürmer.	159
Magenwürmer	163
Parasiten der Harnblase.	166
Nierenwurm	166
Capillaria-Arten	168
Parasiten in den Atemwegen	170
Pneumocystis carinii	170
Lungenwürmer	172
Milben- und Fliegenlarven	175
Blutparasiten	175
Babesia felis, Cytauxzoon felis und Hepatozoon canis	175
Herzwurm	177
Parasiten in anderen Organen	180
Toxoplasma gondii.	180
Trichinen	181

8 Wurmeitafeln ... 184

9 Beispiele für Wurmkuren ... 187
Banminth® Katze ... 187
Telmin KH® ... 190
Flubenol P® ... 192
Droncit®, Bandwurmmittel für Katzen und Hunde ... 193

10 Glossar ... 195

11 Weiterführende Literatur ... 208

12 Sachverzeichnis ... 211

Vorwort

*Sind Miez und Kater im Haus gesund,
bleiben's auch Frauchen, Herr und Hund.*

Katzen gehören als ausgesprochene Schmusetiere zu Millionen von Haushalten in Deutschland und haben eine überaus enge Bindung an ihr Heim und ihre vertrauten Menschen entwickelt. Dennoch bewahrten sich Katzen in den Tausenden von Jahren seit ihrer Domestizierung eine mehr oder minder starke Individualität, die sich u. a. in einem ausgesprochenen Freiheitsdrang äußert. Diesem geben selbst »Stadtkatzen« gerne und häufig nach und durchstreifen – oft auf regelmäßig beschrittenen Wegen – die nähere als auch die ferne Umgebung ihres Heimes. Während dieser »Bummelei«, aber auch beim Verzehr von Mäusen bzw. rohem Fleisch, können eine Reihe unterschiedlicher Erreger von der Katze »aufgesammelt« und ins Heim eingeschleppt werden. Zum einen gefährden diese Erreger die Gesundheit der Katze selbst, zum anderen aber können einige Parasiten auch von der Katze auf den Menschen übertreten und dort zu schwersten Erkrankungen und unter bestimmten Bedingungen eventuell sogar zum Tode führen. Zwar gilt die Katze als besonders »sauberes« Tier – und dennoch können beim Lecken die Erreger im Fell fein verteilt werden und so ein großes Gefährdungspotential – insbesondere für Kinder darstellen.

Das vorliegende Büchlein will auf die den Menschen und die Katze gefährdenden Parasiten hinweisen und dem Katzenhalter ein möglichst schnelles Erkennen und Bekämpfen mit einfachen Mitteln ermöglichen. Dabei wird aufgezeigt, wann der Gang zum Tierarzt unbedingt erforderlich ist. Die konsequente Anwendung der hier empfohlenen Vorbeugungsmaßnahmen verhindert in den meisten Fällen bereits die Infektion der Katze, so daß die Freude an einem gesunden und dann auch fröhlichen Hausgenossen ungetrübt bleibt. Der vorliegende Ratgeber enthält dabei einfache Bestimmungsschlüssel, nennt alle wichtigen äußeren Symptome und bildet alle zur Erkennung markanten Parasitenstadien meist farbig ab. Die Lektüre der ernst gemeinten Texte wird durch nicht ganz ernste Merksprüche aufgelockert und so etwas relativiert. Ziel aller empfohlenen Maßnahmen ist es, die Gesundheit der Katze und ihrer Gastgeber zu schützen und so die Freude für alle an diesem geschmeidigen, eleganten, aber gleichzeitig oft eigensinnigen und doch verschmusten Hausgenossen zu erhalten.

Bochum, Juli 1993   Birgit und Heinz Mehlhorn

Danksagung

Die Herausgabe eines solchen Buches geht nicht ohne die Hilfen von Kollegen und Mitarbeitern. Wir bedanken uns ganz herzlich bei Frau A. Hogendorf (Bochum) für die sorgfältige Textverarbeitung. Der Graphiker, Herr F. Theissen (Essen), zeichnete die meisten Schemata und Herr Dr. Walldorf (Düsseldorf) fertigte die Abbildungen Nr. 17, 29, 31, 35 und 52 an. Besonders dankbar sind wir Herrn Prof. Dr. M.-A. Hasslinger (München) für die Überlassung der Abbildungen 62 A und 66, Herrn Dr. D. Düwel (Hofheim) für die Abbildungen 59 und 68 und Herrn Dr. Ritter (München) für die Abbildungen 6 und 18. Gleichfalls möchten wir Frau Prof. Dr. B. Loos-Frank (Stuttgart) und Herrn Prof. Dr. W. Raether (Hoechst) für die Überlassung von Material zum Fotografieren danken. Herrn Graphiker Uli Stein danken wir für die Überlassung des Motivs der Abbildung 74. Besonders hervorheben möchten wir zudem, daß seitens des Springer-Verlages Herr Dr. Wieczorek und Frau I. Wittig bei der Konzeption sowie Frau B. Wehner bei der Herstellung für die ansprechende Aufmachung und die sorgfältige Produktion des Büchleins sorgten.
Ihnen allen gilt unser Dank.

Bochum, Juli 1993   Birgit und Heinz Mehlhorn

1 Was ist ein Parasit?

*Dem modernen Kater es fast peinlich ist,
wenn er heut noch Mäuse frißt;
doch Würmer scheuen weder Katz noch Maus
und vernaschen beide von innen aus.*

Der Begriff **Parasit** stammt aus dem Griechischen (para: bei; sitos: Nahrung) und bezeichnete ursprünglich die »Vorkoster« der Herrschenden, die sich so vor unliebsamen Giftattentaten unzufriedener Mitbürger oder auswärtiger Feinde schützen wollten. Schon sehr bald wurden alle von Staats wegen beschäftigten und dann auch beköstigten (alimentierten) Personen noch wertneutral als »parasitos« bezeichnet. Doch schon in den Anfängen der griechischen Staatsgebilde bzw. ihrer Demokratien führte diese bevorzugte Behandlung teilweise zu Faulheit auf der beamteten Seite und zu Neid auf der zahlenden Seite der Bevölkerung, so daß der Begriff negativ belegt wurde. Die im Mittelalter eingebürgerte Übertragung des Begriffs »**Schmarotzer**« war von Anfang an ein »Schimpf- und Schandwort«, wurde aber von dem entsprechenden menschlichen, als scham- oder rücksichtslos empfundenen Verhalten auch auf Tiere und Pflanzen (z. B. Würgepflanzen, Pilze, Würmer, Insekten) übertragen, die auf Kosten anderer Tiere bzw. Pflanzen oder sogar zu Lasten des Menschen ihren Lebensunterhalt »frönten«. Im Rahmen dieses Buches sollen nur tierische Parasiten näher betrachtet werden, die die Katze und zudem evtl. den Menschen als **Wirte** befallen. Sitzen die Parasiten auf der Oberfläche dieser Wirte, werden sie als **Ektoparasiten** (*griech.* ektos – außen) bezeichnet, dringen sie dagegen in Körperhöhlen oder sogar in Gewebe vor, sind sie **Endoparasiten** (*griech.* endos = innen). **Ektoparasiten** können beim Stich Endoparasiten übertragen und werden dann als **Vektoren** bezeichnet.

Ist ein Parasit aus vielerlei Gründen in der Lage, mehrere Tierarten (und zudem den Menschen) als Wirt zu wählen, so kann beim Vergleich der zahlenmäßigen Verbreitung innerhalb der verschiedenen Wirte zwischen **Haupt- und Nebenwirten** unterschieden werden. In beiden Wirtstypen finden sich jeweils die entsprechenden Parasitenstadien, allerdings kann sich aufgrund der Ernährungs- bzw. Lebensweise eine Wirtsart als besonders günstig für die Verbreitung des Parasiten erweisen – sie wird zum Hauptwirt. Dies tritt auch ein, wenn das Abwehrsystem (Immunsystem) einer Wirtstierart schlechter funktioniert als das der übrigen, die dann zu **Nebenwirten** werden. So ist die Katze zum Beispiel für den Fuchsbandwurm jeweils »nur« der Nebenwirt (s. S. 39).

Beziehen Parasiten mehrere Wirte in einen Entwicklungszyklus ein, wobei sie in diesen Wirten in unterschiedlichen Formen und Gestalten auftreten, so werden diese Wirte in **Endwirt** (definitiver Wirt) und **Zwischenwirt** unterschieden. Als Endwirt gelten dabei die Tiere (oder der Mensch), in denen der Parasit die Geschlechtsreife erlangt, während im Zwischenwirt lediglich eine Reifung oder eine ungeschlechtliche Vermehrung stattfindet. Für den Einzeller *Toxoplasma gondii* (s. S. 32) wäre die Katze somit Endwirt und die Maus (aber auch der Mensch) Zwischenwirt. Eine besondere Form des Zwischenwirts ist der **Stapelwirt** (paratänischer Wirt), in dem sich (z. B. aufgrund seines Freßverhaltens) Parasiten anreichern, bevor sie auf den Endwirt übertragen werden. Eine weitere Variante des Zwischenwirts bietet der **Fehlwirt**, den der Parasit zwar befallen kann, von dem aus es aber keine Übertragungsmöglichkeit auf den Endwirt gibt, weil zum Beispiel im Falle von *Toxoplasma gondii* menschliches Gewebe nicht

zur Nahrung von Katzen gehört (s. S.32). Es handelt sich somit für den Parasiten um eine **biologische Sackgasse**.
Lebt der Parasit vom Überfluß des Wirts, z. B. in dessen Darm, so können Krankheitssymptome unterbleiben und die Grenze zum **Kommensalismus** ist fließend. In vielen Fällen – und in allen hier im Buch betrachteten Beispielen – führt jedoch ein Parasitenbefall zu einer Erkrankung des Wirts, die dann als **Parasitose** (z. B. Toxoplasmose, s. S. 36) bezeichnet wird. Treten parasitäre Stadien vom Tier auf den Menschen über und kommt es dort zur Erkrankung, so wird diese als **Zoonose** definiert (z. B. Toxoplasmose, Toxocarose, s. S. 44). Einige Parasitosen können bei der Katze und beim Menschen zu lebensbedrohlichen Erkrankungen führen und stehen daher im Mittelpunkt des Interesses (s. S. 31 ff.).
Die Spanne vom Zeitpunkt der Infektion (Definition und Wege s. Kap. 4) bis zum Auftreten erster Krankheitsanzeichen – seien sie spezifisch oder unspezifisch – wird als **Inkubation(szeit)** definiert. Sie muß nicht mit der sog. **Präpatenz-Periode**, die die Zeit von der Infektion bis zum Auftreten bzw. Nachweis der nachgebildeten, sich ausbreitenden parasitären Stadien im neuen Wirt umfaßt, identisch sein. Die **Patenz** definiert die Zeit, in der sich ein Parasit im Wirt aufhält; sie kann je nach Art wenige Tage dauern oder bis zum Lebensende des Wirts reichen.
Bei den im vorliegenden Buch betrachteten Parasiten handelt es sich um Tiere, die entweder Einzeller sind (s. S. 118 ff.), zu den verschiedensten Wurmgruppen (Platt- oder Fadenwürmer, s. S. 134 ff.) gehören oder als festsitzende (stationäre) oder zufliegende (temporäre) Ektoparasiten dem Tierstamm Gliederfüßler (sog. Arthropoda mit Gruppen wie Insekten und Spinnentiere; s. S 55 ff.) zuzuordnen sind. Allerdings wurden im Kapitel 5 auch einige nichtparasitäre Krankheitserreger mit aufgenommen, da sie zum einen große Bedeutung für Katzen und den Menschen haben und zum anderen die durch sie bewirkten Krankheitsbilder von

denen bestimmter Parasiten abgegrenzt werden müssen (Differentialdiagnose). Die Unterscheidung der Parasiten in verschiedene Kategorien und ihre Einordnung in bestimmte biologisch definierte Gattungen und Arten erfolgte dabei stets aufgrund von äußerlichen Merkmalen, von denen hier nur die wichtigsten und leicht erfaßbaren ausgewählt wurden. Als Angehörige einer **Art** werden dabei Tiere verstanden, die miteinander reproduktionsfähige Nachkommen zeugen können. Verschiedene Arten werden im zoologischen System aufgrund von Baueigentümlichkeiten zu **Gattungen** zusammengefaßt. So gehören zum Beispiel der Hundefloh (*Ctenocephalides canis*) und der Katzenfloh (*Ctenocephalides felis*) zur gleichen Gattung *Ctenocephalides* (s. S. 92 ff.), sind aber untereinander als getrennte Arten nicht reproduktionsfähig (kreuzbar).

2 Wann suche ich nach Parasiten?

Der Parasit sich selten offen zeigt,
er bleibt Kavalier, genießt und schweigt.
Doch ist struppig und glanzlos des Katers Fell,
untersuch' ihn auf der Stell!

Parasiten gehen meist diskret zu Werke. Dies gilt nicht nur für jene, die Körperhöhlen oder innere Organe befallen und sich dort vor dem Immunsystem des Wirts tarnen, sondern auch für Ektoparasiten, die – im Fell verborgen – zudem meist schwer einsehbare Körperbereiche wie etwa die Bauchseite, die Leistenzone oder das Innenohr aufsuchen. Trotz der häufig sehr unspezifischen **Symptomatik** bei einem Parasitenbefall gibt es **äußere Anzeichen**, die auf eine Parasiteninvasion hindeuten oder die zumindest den aufmerksamen Katzenhalter veranlassen sollten, an einen möglichen Parasitenbefall zu denken und diesen abklären zu lassen. Die intensive Beobachtung des Haustieres führt so zur Früherkennung, und eingeleitete Bekämpfungsmaßnahmen halten die Auswirkungen von möglichen Erkrankungen auf einem niedrigen Niveau. »Vorsicht« ist auch hier die Mutter der Porzellankiste. Die Anzeichen eines Parasitenbefalls lassen sich im wesentlichen an den in Tabelle 1 zusammengestellten Einzelsymptomen erkennen. Diese gehören aber zu den vier größeren Komplexen, die im folgenden näher erläutert werden sollen.

Verhalten. Übermäßiges Putzen, Lecken des Fells, häufiges Kratzen und Knabbern im Fell, Scheuern an Stühlen oder Schrankkanten und/oder eine größere Unruhe deuten auf Haut- bzw. Fellparasiten hin (s. S. 55). Zu diesen Verhaltensstörungen kann zudem eine sonst nicht bekannte Aggressivität kommen, die sich insbesondere beim Streicheln äußert. Eine generelle Druckempfindlichkeit beim Streicheln oder Heben der Katze kann Anzeichen sein sowohl für hautständige Parasiten (s. S. 55) als auch einen Befall innerer Organe anzeigen (s. S.117 ff.). Verlust der Munterkeit, Unterlassung des sonst üblichen Putzens, Auftreten von Schwäche und schneller Ermüdung, Abmagerung sowie generelle Apathie gepaart mit Freßunlust sind häufige, oft gleichzeitig auftretende Symptome eines schleichenden Befalls mit inneren Parasiten (s. S. 11). Erbricht eine Katze häufig, so kann dies auch ein Indiz eines Parasitenbefalls sein (s. S. 9). Dies gilt auch für Husten, sofern dieser längere Zeit anhält (s. S. 9). Hierbei können zusätzliche Bakterieninfektionen die Krankheitssymptome verstärken und den Allgemeinzustand des Tieres weiter schwächen. Zu schnelles Atmen – normal ist 20–40 mal pro Minute – im Ruhezustand sowie der vom Tierarzt festzustellende höhere Puls (normal: 110–130 mal pro Minute) sind ebenfalls oft Warnzeichen eines Parasitenbefalls (s. S. 11), können aber auch auf andere wichtige Erkrankungen hinweisen.

Bewegungsstörungen. Laufunlust, Zuckungen, Krämpfe bzw. Störungen in der Bewegungskoordination wie zum Beispiel Hinken, Lahmen oder Gleichgewichtsstörungen sind in vielen Fällen Ausdruck eines bestehenden Befalls mit verschiedenen Parasiten (s. S. 9, 10), die ihren Sitz nicht nur im Gehirn haben müssen. Das plötzliche **Umfallen** von Katzen oder starke krampfartige Zuckungen können auf allergische Reaktionen infolge eines sehr starken Befalls mit Flöhen sein, wobei der beim Blutsaugen injizierte Speichel mit seinen, die Blutgerinnung hemmenden Stoffen zu diesen Symptomen führt. Da es aber auch eine Reihe anderer Gründe für eine derartige Symptomatik gibt, muß sobald ein bestehender Flohbefall beseitigt ist und die Symptomatik dennoch bestehen bleibt, unbedingt der Tierarzt herangezogen werden. Rutscht die Katze auf dem After (Schlittenfahren), so deutet diese ungewöhnliche Bewegungsform auf starken Juckreiz im Analbereich. Häufig ist hier ein Befall mit Bandwürmern – insbesondere mit dem Gurkenkern- (s. S. 144) oder dem sog. Katzenbandwurm (s. S.142) der Auslöser. Allerdings tritt ein ähnliches Verhalten bei Tieren mit Entzündungen der Schleimbeutel im Afterbereich auf

Veränderungen der Haut und des Fells. Erscheint das Fell glanzlos, und stehen die Haare struppig ab oder fallen gar teilweise aus, so sind dies häufig sichere Indizien für einen Befall mit Ektoparasiten (s. S. 55 ff.). Aber auch eine Reihe von Endoparasiten zieht wegen der durch sie bewirkten generellen Schwächung ein ungepflegtes äußeres Erscheinungsbild der Katze nach sich. Wirkt die Haut beim Durchsuchen des Fells bleich und nicht rosig oder erscheint das Weiß des Auges extrem hell, so sind dies häufig Anzeichen für Parasiten, die der Katze Blut innen oder außen entziehen (s. S. 55) oder Blutkörperchen zerstören (s. S. 175). Zeigt die Haut zudem kleine Pusteln, Papeln oder eitrige Stellen, so weist dies darauf hin, daß die Katze (evtl. nachts) von Blutsaugern aufgesucht wird. Auch eine reduzierte Elastizität der Haut, die man beim Heben der Katze leicht bemerken kann, deutet auf einen Parasitenbefall hin. Dieses Erscheinungsbild kann seinen Grund in hautständigen Parasiten haben oder aber auf eine generelle Austrocknung infolge zu großer, parasitenbedingter Wasserabgabe beim Urinieren oder beim Absetzen des Kots zurückzuführen sein (s. S. 9, 10).

Veränderungen des Kots. Die hier bedeutsame Symptomatik – das Auftreten von breiigem, flüssigem oder für längere Zeit ungeformtem Kot – zeigt vielfach darmständige Parasiten an. Enthält der Kot zudem schaumige Flocken und/oder ist er mit blutigen Streifen bzw. Flecken gekennzeichnet, so werden die Hinweise auf das Bestehen einer Parasitose noch verstärkt. Hier müssen entsprechende Untersuchungen seitens eines Tierarztes eingeleitet werden. Sollten weißliche Gebilde (s. S. 16) außen auch auf sonst normal geformtem Kot auftreten, so sind dies zumeist die von Bandwürmern (s. S. 143) täglich abgeschnürten, die Eier enthaltenden Proglottiden oder abgestorbene Fadenwürmer (s. S. 154). Auch hier muß eine entsprechende Diagnose getroffen und eine Behandlung eingeleitet werden.

Da Katzen bei Möglichkeit ihren Kot im Freien absetzen, ist die Inspektion der Fäzes für den Halter bzw. die Halterin nicht durchführbar, und somit bleibt die Entdeckung von Veränderungen im Erscheinungsbild des Kots schwierig. Zwei häufig auftretende Phänomene deuten auch bei freilaufenden Katzen auf Störungen hin. Zum einen »verbuddeln« sie flüssigen Kot häufig nicht – er bleibt somit auf entsprechenden Kotplätzen sichtbar. Zum anderen erscheinen die Haare im Analbereich häufig verklebt und der Schließmuskel zeigt Schwellungen und Rötungen.

Alle wichtigen Symptome, die bei Parasitenbefall auftreten können, sind in Tabelle 1 zusammengestellt. Da diese **Symptome** auch bei anderen schwerwiegenden Erkrankungen auftreten können, muß die Feststellung bzw. der Ausschluß eines möglichen Parasitenbefalls möglichst schnell erfolgen. **Je eher die Behandlung, desto größer die Heilungschancen.** Zu dieser erwünschten Früherkennung will dieses Buch beitragen.

Tabelle 1. Äußere Anzeichen und möglicher Parasitenbefall.

Symptome	Parasiten
Unruhe, Kratzen und Knabbern im Fell, verklebte Haare, Haarausfall, Pusteln, Ekzeme in der Haut	Hautpilze .... s. S. 29 Hautleishmanien .... s. S. 115 Wurmlarven .... s. S. 159 Fliegenmaden .... s. S. 109 Zecken .... s. S. 55 Milben .... s. S. 69 Flöhe .... s. S. 92 Haarlinge .... s. S. 112
Scheuern und Jucken in der Analregion, sog. »Schlittenfahren«, Unruhe	Gurkenkernbandwurm .... s. S. 144 Katzenbandwurm .... s. S. 142
Übermäßiges Putzen und Lecken	Hautpilze .... s. S. 29 Ektoparasiten .... s. S. 55
Umfallen	Extremer Flohbefall .... s. S. 92
Krämpfe	Kokzidien .... s. S. 125 Bandwurmfinnen .... s. S. 142 Spulwürmer .... s. S. 154 Extremer Flohbefall .... s. S. 92
Husten, Atemnot, Nasenfluß	*Toxoplasma gondii* .... s. S. 121 *Pneumocystis carinii* .... s. S. 170 Magenwürmer .... s. S. 163 Spulwürmer .... s. S. 154 Hakenwürmer .... s. S. 159 Lungenwürmer .... s. S. 172 Herzwürmer .... s. S. 177
Erbrechen	*Giardia*-Befall .... s. S. 118 Katzenleberegel .... s. S. 134 Magenwürmer .... s. S. 163 Spulwürmer .... s. S. 154 *Trichinella spiralis* .... s. S. 181
Durchfall (Diarrhöe)	*Giardia*-Befall .... s. S. 118 Kokzidien .... s. S. 125 Leberegel .... s. S. 134 Bandwürmer .... s. S. 138 Hakenwürmer .... s. S. 159

Tabelle 1. Fortsetzung.

Blut im Kot	*Giardia*-Befall .... s. S. 118 Kokzidien .... s. S. 125 Hakenwürmer .... s. S. 159 *Trichinella spiralis* .... s. S. 181
Blut im Speichel	*Pneumocystis carinii* .... s. S. 170 *Dirofilaria immitis* .... s. S. 177
Blut im Urin, Nierenversagen	*Babesia felis* .... s. S. 175 Blasenwurm *Capillaria* ...... s. S. 168 Nierenwürmer .... s. S. 166 von Zecken übertragene Erreger .... s. S. 55
Blutarmut	*Babesia felis* .... s. S. 175 Katzenleberegel .... s. S. 134 Fischbandwürmer .... s. S. 138 Lungenwürmer .... s. S. 172 Hakenwürmer .... s. S. 159 starker Zeckenbefall .... s. S. 55 starker Milbenbefall .... s. S. 69 von Zecken übertragene Erreger .... s. S. 175
Oedeme (Schwellungen)	Leberegel .... s. S. 134 Herzwürmer .... s. S. 177 Lungenwürmer .... s. S. 172 Blasenwürmer .... s. S. 166
Motorische Störungen, Lähmungen	*Toxoplasma gondii* .... s. S. 121 Piroplasmen .... s. S. 175 Bandwurmfinnen .... s. S. 142 Hakenwürmer .... s. S. 159 Lungenwürmer .... s. S. 172 Herzwürmer .... s. S. 177 starker Zeckenbefall .... s. S. 55 von Zecken übertragene Erreger .... s. S. 62
Sehstörungen	*Toxoplasma gondii* .... s. S. 121 Bandwurmfinnen .... s. S. 142 Herzwürmer .... s. S. 177 Spulwürmer .... s. S. 154 Fliegenmaden .... s. S. 109

Tabelle 1. Fortsetzung.

Gewichtsverluste, Appetitlosigkeit, Apathie, glanzloses, struppiges Fell	Leishmanien .... s. S. 115 *Giardia*-Befall............ s. S. 118 *Pneumocystis carinii*....... s. S. 170 Kokzidien............... s. S. 125 Piroplasmen .... s. S. 175 Leberegel .... s. S. 134 Bandwürmer .... s. S. 138 Fadenwürmer............ s. S. 154 Milben.................. s. S. 69 Zecken.................. s. S. 55
Erhöhte Herz- und Pulsfrequenz	*Toxoplasma gondii* .... s. S. 121 Herzwürmer............. s. S. 177 Lungenwürmer........... s. S. 172 Borrelien (von Zecken übertragene Erreger)........ s. S. 62
Darmverschluß	Massenbefall mit Bandwürmern .... s. S. 142 Spulwürmer............. s. S. 154

3 Wo suche ich nach Parasiten?

*Alle Parasiten lieben's warm
und stecken so im Fell und Darm,
wo sie sich vergnügt vermehren,
obwohl sie frischer Luft entbehren.*

Wenn die Katze eines oder gar mehrere der in Tabelle 1 (s. S. 9–11) aufgelisteten Symptome zeigt, kann eine intensivere Betrachtung (mit bloßem Auge oder einer Handlupe) des Kots, des Erbrochenen bzw. eine Inspektion der Haut, des Fells **und** der Lagerstätte bzw. des Körbchens bereits weiterhelfen. Die dabei eventuell aufgefundenen Stadien der Parasiten können nach äußeren Merkmalen in den unten zusammengestellten Schlüsseln relativ leicht bestimmt werden. Sie können dabei von Tierchen unterschieden werden, die sich im Fell oder im Lager der Katze aufhalten und nicht parasitieren, sondern sich von organischen Partikeln ernähren, die vom Mahl der Katze abfallen (Abb. 1). Sollten sich aber nach einigen Tagen keine eindeutigen Hinweise auf Parasiten ergeben oder verschlimmert sich die Erkrankung, so ist ein Gang zum Tierarzt unerläßlich, da nur er mit geeigneten mikroskopischen bzw. serologischen Verfahren die Diagnose (evtl. auch innerer Parasiten) sichert. In vielen Fällen reicht aber bereits die intensive äußere Betrachtung von kranken bzw. »gestört« erscheinenden Katzen.

Hinweis: Die folgenden Schlüssel verwenden äußerlich sichtbare Merkmale des Körperbaus zur Unterscheidung einzelner Parasitengruppen bzw. -arten, die man bei der Katze antreffen kann. Im wesentlichen wird dabei auf die mitteleuropäischen Verhältnisse Bezug genommen. Aller-

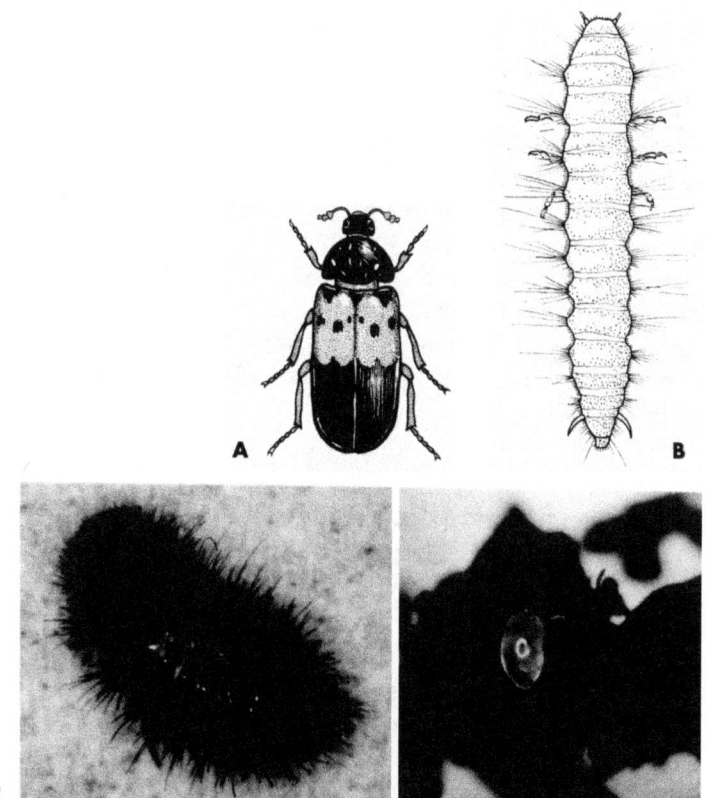

Abb. 1. Schematische (**A, B**) und mikroskopische (**C, D**) Abbildungen von Tierchen, die im Fell bzw. im Lager der Katze angetroffen werden können, sich aber von organischem Material ernähren und nicht parasitieren. **A.** Adulte Speckkäfer (*Dermestes lardarius*) 7 mm lang. **B.** Larve dieses Speckkäfers (5 mm). **C.** 6 mm lange Larve des Museums- bzw. Teppichkäfers (*Anthrenus* sp.). **D.** Hausstaubmilbe (*Dermatophagoides pteronyssinus.*) 0,4 mm.

dings sind auch einige wichtige südeuropäische Erreger mit eingeschlossen, die bei Urlaubsaufenthalten »erworben« und nach Deutschland »importiert« worden sein können. Bei **Benutzung** dieser bewußt einfach gehaltenen Schlüssel beginnt man bei **Frage 1**, liest alle Möglichkeiten (a, b, c etc.), entscheidet sich für **eine** und wird auf die **nächste Frage** (hier z. B. **2, 5** oder **6**) verwiesen. Dort liest man wieder **alle** Möglichkeiten, überprüft diese anhand der Abbildungen und gelangt schließlich zum Namen des Parasiten. Der Seitenverweis führt dann zur jeweiligen Stelle der Darstellung im Buch. Ist man einen falschen Weg gegangen, beginnt man am besten von vorn.

Parasitenstadien im Fell oder im Körbchen

1. a) Stadien sind fußlos........................ 2
   b) Stadien haben 3 Beinpaare.................. 6
   c) Stadien haben 4 Beinpaare.................. 5
2. a) Stadien sind borstenlos 3
   b) Stadien besitzen Borsten 4
3. a) Stadien sind gedrungen, erscheinen weißlich, max. 2 cm lang, wirken fleischig und besitzen vorn zwei Haken (s. Abb. 34 D, E) .... **Fliegenlarven**, s. S. 109
   b) Stadien wirken gurkenkern- oder reiskornartig (s. Abb. 49) .... **Bandwurmproglottiden**, s. S. 145
4. a) Stadien wirken »drahtig«, besitzen einige wenige Borsten, erscheinen weißlich, gelblich oder bräunlich (Abb. 28) .... **Flohlarven**, s. S. 98
   b) Stadien wirken so stark beborstet, daß evtl. vorhandene dünne Beinchen nicht sichtbar sind (Abb. 1 B)............. **Käferlarven**, s. S. 13

5. a) Körper ist ungegliedert, Beine sind kurz;
   Stadien erscheinen gefärbt
   und sind mit bloßem Auge sichtbar;
   sie weisen nur eine mikroskopisch sichtbare
   schwache Beborstung auf (s. Abb. 8–11)
   .... **Nymphen, Adulte der Zecken**, s. S. 55
   b) Körper ist ungegliedert, Beine sind relativ kurz,
   Tiere sehr klein (unter 1 mm), häufig ungefärbt;
   die bei mikroskopischer Betrachtung sichtbare
   Beborstung ist relativ stark (s. Abb. 13–21)
   .... **Nymphen, Adulte der Milben**, s. S. 69
   c) Tiere sind in einen vorderen,
   beintragenden Abschnitt und einen hinteren,
   beinlosen unterteilt .... **Echte Spinnen**
   d) Körper ist ungeteilt, Beine erscheinen
   extrem lang
   .... **Weberknechte, Verwandte der Spinnen**
6. a) Körper ist in drei größere Bereiche
   (Kopf, Brust, Abdomen; s. Abb. 1 A, 35)
   gegliedert............................. 8
   b) Körper erscheint ungegliedert (s. Abb. 12 A, 14)
   und ist mehr oder minder eiförmig 7
7. a) Mundwerkzeuge erscheinen deutlich vorstehend
   (s. Abb. 3, 9) .... **Larven der Zecken**, s. S. 55
   b) Larven der extrem kleinen Stadien bleiben
   meist winzig.......... **Larven der Milben**, s. S. 69
8. a) Körper ist geflügelt 9
   b) Körper ist ungeflügelt 10
9. a) Körper ist seitlich abgeflacht,
   Stadien besitzen kräftige Sprungbeine
   (s. Abb. 24)............... **Adulte Flöhe**, s. S. 92
   b) Körper ist deutlich breiter als hoch,
   Kopf wirkt breiter als die Brust,
   Beine besitzen Klauen (s. Abb. 35)
   .... **Haarlinge, Beißläuse**, s. S. 112

10. a) Flügel sind weichhäutig (s. Abb. 33)
.... **Adulte Mücken, Fliegen,** s. S. 104, 109
b) Vorderflügel wirken derb,
bedecken in Ruhe die beiden
hinteren weichhäutigen Flügel
(s. Abb. 1 A) .... **Adulte Käfer,** s. S. 13

Makroskopisch sichtbare Parasitenstadien im Kot

1. a) Parasiten(stadien) sind stark abgeflacht 2
b) Parasiten(stadien) erscheinen
im Querschnitt drehrund 7
2. a) Parasiten wirken länglich oval; bei Lupenbetrachtung werden zwei kreisrunde Saugnäpfe
auf der Bauchseite sichtbar
(siehe Abb. 45–1). .... **Adulte Saugwürmer,** s. S. 134
b) Parasitenstadien erscheinen mehr
oder minder rechteckig
oder gurkenkernartig (s. Abb. 48, 49) 3
3. a) Stadien sind maximal 3–6 × 1 mm groß 4
b) Stadien sind deutlich größer. 5
4. a) Stadien in meist 5 Proglottiden unterteilt,
etwa 2 mm lang .... **Adulter Fuchsbandwurm**
(*Echinococcus multilocularis*), s. S. 39, 148
b) Die Stadien sind 1 mm groß ungegliedert
und besitzen eine seitliche Vorwölbung,
die vor der Mitte der sog. Proglottiden liegt
.... **Fuchsbandwurmproglottide**
(*Echinococcus multilocularis*), s. S. 39, 148
5. a) Proglottiden sind sehr groß (max. 10 × 3 mm)
und deutlich breiter als lang (s. Abb. 46);
oft hängen mehrere, leere (eilose) Proglottiden
noch aneinander: sog. Fischbandwürmer
.... (u. a. *Diphyllobothrium latum*) s. S. 138

b) Proglottiden sind länger als breit
und wirken prall gefüllt (mit Eiern) 6
6. a) Proglottiden sind in frischem Zustand
7–12 mm × 1,5–3 mm groß,
erscheinen gurkenkernartig, sind von
gelblich-bräunlich-rötlicher Färbung
(s. Abb. 49) .... **Gurkenkernbandwurm;
Dipylidium caninum, s. S. 144**
b) Proglottiden wirken eher viereckig
und weißlich (s. Abb. 48 B)
. **Taenia-Arten und Mesocestoides sp., s. S. 142, 152**
7. a) Parasiten sind langgestreckt,
erscheinen wurmförmig
und bewegen sich evtl. schlängelnd
(s. Abb. 56, 66) 8
b) Parasitenstadien können (insbesondere
im gequollenen Zustand)
bananen- oder gurkenkernartig erscheinen
 .... **Dipylidium caninum, s. S. 144**
c) Stadien sind tot und daher unbeweglich,
erscheinen weißlich und wirken schlapp
(ohne feste Oberfläche) ....
 .... **Regenwürmer nach Darmpassage**
8. a) Wurmkörper erscheint mehr oder minder
gleichmäßig dick (s. Abb. 56)
 .... **Spulwürmer, s. S. 154**
b) Würmer sind weiß bis rötlich
(von Blut gefüllt), erreichen etwa 1 cm Länge,
und ihr Vorderende zeigt bei Lupenbetrachtung
Schneidevorrichtungen bzw. Zähne
(s. Abb. 59) .... **Hakenwürmer, s. S. 159**

Mit bloßem Auge erkennbare Parasiten in Erbrochenem bzw. im Nasensekret

1. a) Stadien wirken fadenförmig.................. 2
   b) Stadien erscheinen drahtig oder gedrungen, fleischig 4
2. a) Würmer sind groß (ein bis mehrere cm lang)...... 3
   b) Würmer liegen im mm-Bereich (s. Abb. 62) .... **Magenwürmer, s. S. 163**
3. a) Stadien erscheinen gelblich, wirken makkaroniartig, Vorderende mit 3 Lippen (s. Abb. 56)..... **Spulwürmer, s. S. 154**
   b) Stadien bis 3 cm lang, Vorderende ohne Lippen und Zähne... **Lungenwürmer, s. S. 172**
   c) Stadien max. 1 cm lang, mit zahnbewehrter Mundöffnung .... **Hakenwürmer, s. S. 159**
4. a) Stadien wirken gedrungen, drehrund, vorn mit 2 Haken (s. Abb. 34)
   .... **Larven der Fliegen, s. S. 109**
   b) Stadien wirken drahtig, länglich (s. Abb. 28) . **unverdaute Larven von Flöhen, s. S. 98**

4 Wie kann sich meine Katze infizieren?

Es sprach ein Kater irgendwo:
»Das Leben bleibt ein Risiko,
und Mäuse freß ich sowieso,
drum soll's mich auch nicht reuen,
die eine oder andere Miez zu betreuen.«

Parasiten gelangen auf den verschiedensten Wegen in oder auf die Katze und an ihre bevorzugten Anheftungsstellen. Einige Orte werden dabei eindeutig bevorzugt (Prädilektionsstelle), und sie stellen häufig Plätze reduzierter Immunabwehr (z. B. Gehirn, Muskulatur etc.) dar. Die in Tabelle 2 zusammengestellten Infektionsmöglichkeiten zeigen die jeweiligen **Hauptwege** der Übertragung. Die **Unterbrechung** dieser Übertragungswege durch vorbeugende Maßnahmen (**Prophylaxe**) verhindert einen Befall und macht somit auch eine nachfolgende Behandlung unnötig. Da in den meisten Fällen eine derartige Vorbeugung relativ einfach ist, sei die Lektüre der Tabelle 2 und der Vorbeugemaßnahmen zu den jeweiligen Parasitendarstellungen dem Katzenhalter besonders empfohlen.

Tabelle 2. Hauptwege eines Befalls durch Parasiten.

Aufnahme von Parasiten / Wege des Befalls	Parasit	Aufenthalt des Parasiten vor dem Befall
Übertragung mit dem Futter	*Giardia cati*, s. S. 118	Im Kot
	Cryptosporidium-Arten, s. S. 132	Im Kot
	Cystoisospora-Arten, s. S. 125	Im Kot
	Toxoplasma gondii, s. S. 121	Im Fleisch von Wirbeltieren
	Sarcocystis-Arten, s. S. 128	"
	Darm- und Leberegel s. S. 134	Im Fleisch von Fischen
	Fischbandwürmer, s. S. 138	"
	Taenia-Arten; Bandwürmer, s. S. 142	Im Muskel von Kaninchen, Hasen, Nagetieren, Schafen
	Fuchsbandwurm, s. S. 148	In Zysten in der Leber von Nagern
	Blasen- bzw. Nierenwurm, s. S. 166	In Fischen bzw. Zwischenwirten
	Trichinen, s. S. 181	In Muskeln von Nagern
	Spulwürmer, s. S. 154	Eier im Kot
	Lungenwürmer, s. S. 172	Eier/Larven in Schnecken
Übertragung durch Auflecken von Erbrochenem	Magenwürmer, s. S. 163	Mageninhalt von Katzen
Übertragung durch »Knabbern« von Ektoparasiten	Gurkenkernbandwurm, s. S. 144	In Flöhen Haarlingen

Tabelle 2. Fortsetzung.

Aufnahme von Parasiten / Wege des Befalls	Parasit	Aufenthalt des Parasiten vor dem Befall
Aktives Eindringen von Parasiten in die Haut	Hakenwürmer, s. S. 159	Larven im/auf dem Boden
	Fliegenlarven, s. S. 109	Eier im Fell/ auf dem Boden, Adulte Fliegen im Fell anderer Tiere.
Übertragung im Mutterleib bzw. beim Säugen	Spulwürmer, s. S. 154 Einige Lungenwürmer, s. S. 172 Hakenwürmer, s. S. 159 Einige Lungenwürmer, s. S. 172	Larven in Organen, Speichel, Muttermilch
Übertragung durch Stich von Blutsaugern	*Leishmania*-Arten, s. S. 115	In Sandmücken
	Babesia felis, s. S. 175	In Zecken
	Herzwurm, s. S. 177	In Mücken
	Nichtparasitäre Erreger wie Borrelien und Anaplasmen, s. S. 27, 62	In Zecken
Übertragung durch Körperkontakt mit infizierten Tieren	Alle fäkal übertragenen Stadien, s. S. 16	Im Kot
	Pneumocystis carinii, s. S.170 Milben, s. S. 69	Im Speichel Im Fell, in der Haut
	Haarlinge, s. S. 112	Im Fell
	Flöhe, s. S. 92	Im Fell
Befall beim Durchstreifen von Gräsern etc.	Zecken, s. S. 55 Milben, s. S. 69	Auf Pflanzen Auf Pflanzen

5 Welche Erreger von Krankheiten der Katze bedrohen auch den Menschen?

Der Erreger gar viele,
haben den Menschen zum Ziele,
manche schleppt die Katz herbei,
drum halte diese parasitenfrei.

Zoonosen sind Erkrankungen, die bei Mensch und Tier auf gleiche Erreger zurückzuführen sind und die prinzipiell auch in beide Richtungen (d. h. vom Menschen zum Tier und zurück) übertragbar sind, wobei sich allerdings meist eine Richtung zur wichtigeren – was die Ausbreitungsmechanismen des Erregers betrifft – entwickelt hat. Derartige Zoonosen können sowohl durch Viren (z. B. Tollwut, s. u.) und Bakterien (Katzenkratzkrankheit, s. S. 28) als auch durch Pilze (Hauterkrankungen – sog. Mykosen, s. S. 29) sowie durch Parasiten (Parasitosen, s. Tabelle 3) hervorgerufen werden.

Viren

Bei diesem Erregertyp handelt es sich um lichtmikroskopisch nicht sichtbare, nichtzelluläre Elemente, die im wesentlichen aus einer äußeren Eiweiß- (= Protein)hülle und der eingeschlossenen Erbsubstanz (= ein Strang Ribo- oder Desoxyribonukleinsäure, RNA, DNA) bestehen. Viren dringen in Zellen der Wirte ein, werden in deren Erbsubstanz eingebaut und danach vom Kern der Wirtszelle identisch nachproduziert. Viren können noch nicht mit Medikamenten bekämpft werden, so daß ein Befall am besten durch vorbeugende Maßnahmen verhindert wird oder eine

Ausbreitung im Wirt durch Stärkung des Immunsystems möglichst eingeschränkt wird.

Viele Viren, die bei Mensch und Katze auftreten, sind relativ harmlos, einige wirken aber auch ausgesprochen pathogen, d. h. sie führen zu schweren Erkrankungen. So bewirkt das DNA-haltige sog. **feline Parovirus (FPV)**, das nur 18–26 nm (= 0,000018–0,000026 mm) Größe erreicht und über Körperflüssigkeiten bzw. bereits von der Mutter zum Jungtier im Uterus übertragen wird, die als Katzenseuche, Katzenstaupe, Katzenpest, Katzenenteritis oder Katzenpanleukopenie bezeichnete Krankheit der Jungtiere. Diese mit starken Durchfällen einhergehende Erkrankung führt bei Jungtieren häufig zum Tod, kann aber durch den Einsatz eines Impfstoffes abgewendet werden, wobei die Injektionen im Alter von 8–9 Wochen, 12 Wochen und evtl. zudem in der 16. Lebenswoche vorgenommen werden sollten. Dieses Virus, das extrem widerstandsfähig gegen Hitze, Austrocknung **und** Desinfektionsmittel ist – es überlebt z. B. 1 Jahr bei Zimmertemperatur im Katzenkörbchen –, geht glücklicherweise weder auf den Menschen nocht evtl. im Hause befindliche Hunde über – letztere haben ihren eigenen Erregertyp. Anders dagegen sieht es bei der schon seit dem 2. Jahrtausend vor Christus bekannten, außer in Australien und England weltweit verbreiteten **Tollwut (Rabies)** aus. Sie wird hervorgerufen durch das RNA-haltige sog. **Lyssa-** bzw. **Rabiesvirus**, das etwa 175 × 70 nm groß wird, sich im Speichel von infizierten Tieren befindet, aber durch Befall der Nerven und später des Gehirns zur meist tödlichen Erkrankung führt. Zwar ist in Europa der Fuchs der Hauptvirusträger, aber faktisch alle bekannten Haus-, Nutz-, Zoo- und Wildtiere sind Infektionsquellen, an denen sich die Katze oder auch der Mensch direkt infizieren können. Besonders bedeutsam ist, daß äußerlich gesunde Tiere (d. h. bevor bei ihnen die Krankheit ausbricht) bereits das Virus übertragen können. Dies gilt auch im Verhältnis Katze-Mensch, wobei eine **Übertragung** nicht durch den Biß, sondern auch

Tabelle 3. Wichtige Zoonosen zwischen Katze und Mensch.

Parasit	Für den Menschen infektiöse Stadien/Infektionsweg	Befallenes Organ beim Menschen	Erkrankung
Giardia cati	Orale Aufnahme von Zysten im Katzenkot	Darm	Giardiose, s. S. 118
Pneumocystis carinii	Einatmen von Zysten aus Katzenspeichel	Lunge	Pneumocystose (Menschen mit Immundefekt), s. S. 170
Cryptosporidium-Arten	Orale Aufnahme von Zysten im Katzenkot	Darm	Cryptosporidiose (Menschen mit Immundefekt), s. S. 132
Toxoplasma gondii	Orale Aufnahme von Zysten im Katzenkot oder Verzehr von gewebezystenhaltigem Fleisch (z.B. von Schweinen)	Gehirn, Muskel und viele andere Organe	Toxoplasmose, s. S. 32
Fuchs- bzw. Hundebandwürmer (*Echinococcus multilocularis*)	Aufnahme von Eiern im Katzenkot	Leber, Lunge, Gehirn	Alveoläre Echinococcose, s. S. 39

Tabelle 3. Fortsetzung.

Gurkenkernbandwurm (*Dipylidium caninum*)	Aufnahme von Larven in Flöhen, Haarlingen, oder in Teilen davon	Darm	Gurkenkern-krankheit, s. S. 144
Spulwürmer	Aufnahme von larven-haltigen Eiern im Kot	Innere Organe	Larva migrans visceralis, s. S. 44
Hakenwürmer	Eindringen von freien Larven in die Haut	Haut	Hautmaulwurf, *engl.* creeping eruption, s. S. 46
Räudemilben	Bei Körperkontakt Übertritt von Männchen und weiblichen Telonymphen	Haut	Krätze, s. S. 75, 81
Cheyletiella-Milben	Bei Körperkontakt Übertritt der Entwicklungsstadien		Hautirritationen, Ekzeme, s. S. 84
Flöhe (*Ctenocephalides cati*)	Körperkontakt		Juckreiz, Ekzeme, s. S. 92
Haarlinge (*Felicola subrostratus*)	Körperkontakt		Juckreiz, Ekzeme, s. S. 112

durch Lecken erfolgen kann. Infizierte Katzen sind durch äußere Anzeichen zu erkennen. Etwa 10–15 Tage (**Inkubationszeit**) nach einer erworbenen Infektion treten häufig die folgenden 3 Phasen auf:

1. Für 1–2 Tage werden scheue Tiere zutraulich bzw. zutrauliche abweisend; ihre Pupillen sind erweitert.
2. Für nachfolgende 2–4 Tage kommt es zu vermehrtem Speichelfluß, Muskelzuckungen, Hinken, Aggression (u. a. Toben, Fauchen).
3. Während der nächsten 1–4 Tage tritt dann bei gleichzeitigem Rückgang der Aggressivität eine nichtreversible Lähmung mit Todesfolge ein.

Katzen infizieren sich nahezu ausschließlich bei Wildtieren – somit sind nur Katzen mit Freilauf in Tollwutgebieten gefährdet. Da in manchen Gebieten bzw. Ländern Mitteleuropas aufgrund von Tollwutbekämpfungsmaßnahmen bei Füchsen die Tollwut verschwunden ist (z. B. in Nordrhein-Westfalen, in der Schweiz), sollte man sich bei den jeweiligen Veterinärmedizinischen Untersuchungsämtern (Sitz beim Regierungspräsidenten) über die Notwendigkeit der **Impfung** informieren. In Tollwutgebieten sollten nämlich Katzen mit 12 Wochen zum ersten Mal und dann jährlich geimpft werden.

Infektionen des Menschen. Menschen können durch den Biß oder über den Kontakt mit Speichel infizierter Katzen das Virus aufnehmen und binnen 10 Tagen bis 1 Jahr (meist binnen 30–50 Tagen) erkranken, wobei dann auch in etwa 3–10 Tagen der Tod durch Lähmungen eintritt. Im Urlaub sollte daher der Kontakt zu streunenden Katzen unbedingt vermieden werden. Dazu sollten sich insbesondere Kinder prinzipiell nicht von unbekannten Katzen belecken lassen. Bei Bissen von Katzen in entsprechenden Tollwutgebieten muß unbedingt die mögliche Infektion in Erwägung gezogen und eine Behandlung eingeleitet werden. Dabei muß die Wunde sofort mit 20%iger medizinischer Seifenlösung gereinigt und Kontakt zum Gesundheitsamt aufgenommen werden, damit schnellstens der geeignete Impfstoff verabreicht werden kann, denn nur so kann ein Ausbruch der Tollwuterkrankung beim Menschen verhindert werden, zumal diese – trotz heute verbesserter Begleittherapien – meist noch tödlich verläuft.

Vorbeugung. Die Impfung von eigenen Katzen in Tollwutgebieten und das Meiden von streunenden Katzen (insbesondere in Urlaubsgebieten) sind somit dringend zu empfehlen.

Bakterien

Hierbei handelt es sich um einzellige, mit einer zusätzlichen Zellwand versehene Organismen (ohne echten Zellkern), die sich durch wiederholte Querteilungen in rascher Folge fortpflanzen. Ihre Gestalt und ihre Fähigkeiten sind außergewöhnlich vielfältig und an die jeweiligen Lebensräume im oder außerhalb des Körpers angepaßt. Die Größe der meisten Arten liegt im Bereich des Lichtmikroskops zwischen 0,1 und 20 µm (1 mm = 1000 µm). Bei Katzen treten eine Reihe von Bakterienarten als Krankheitserreger auf, die insbesondere bei geschwächten Tieren oder ungünstigen Haltungsbedingungen große Schäden anrichten. Die Einzeldiagnose dieser Erreger ist allerdings meist erst nach Kultur und Anwendung von Spezialverfahren möglich, so daß hier unbedingt **und** schnell der Tierarzt herangezogen werden muß. Eine entsprechende Therapie setzt dann auch die potentielle Infektionsgefahr für den Menschen herab. Insbesondere die folgende Bakterienarten:

– *Brucella abortus* (Erreger der Brucellose),
– *Chlamydia psittaci* (Erreger der Psittakose, Papageienkrankheit),

- *Coxiella burneti* (Erreger des Q-Fiebers),
- *Franciscella tularensis* (Erreger der Tularämie),
- *Mycobacterium tuberculosis* (Erreger der Tuberkulose)
- *Pasteurella*-Arten (Erreger der Pasteurellose),
- *Borrelia burgdorferi* (Erreger der Lyme Krankheit, s. S. 62), u. a.

finden sich bei Katzen und können von dort aus **direkt** oder über **Vektoren** (Zecken, Insekten, z. B. bei der Tularämie, Q-Fieber) zum Menschen gelangen und dort zur jeweils entsprechenden Krankheit (= **Zoonose**) führen.
Auf ein stäbchenförmiges Bakterium, dessen exakte Bestimmung und Namensgebung[1] noch aussteht, sei noch besonders hingewiesen. Es findet sich **symptomlos** insbesondere bei jungen Katzen und ruft meist bei Kindern und jungen Menschen unter 21 die sog. **Katzenkratzkrankheit** hervor (*engl.* cat scratch disease, *franz.* maladie des griffes). Man nimmt an, daß sich das Bakterium primär im Speichel der Katze befindet, mit dem Lecken an deren Krallen gelangt und von dort beim Kratzen in die Wunde. Die Erkrankung des Menschen (meist Kinder und Jugendliche) beginnt nach etwa 3–14 Tagen (Inkubationszeit) mit dem Auftreten einer entzündeten, 2–6 mm großen Pustel an der Kratzstelle. Innerhalb von zwei Wochen nach der Infektion entwickelt sich zudem eine berührungsempfindliche Lymphknotenschwellung in der Nähe des Infektionsortes. Gelegentlich eitert der Inhalt des Lymphknotens nach außen durch (sog. Fistelbildung). Fieber (38–42 °C), Unwohlsein, Appetitlosigkeit und Kopfschmerzen sind Begleitsymptome. Leber- und Hirnhautentzündungen (Encephalitis) sind zwar relativ selten, aber naturgemäß lebensbedrohlich. Nach 2–5 Monaten gehen die Lymphknotenschwellungen und die lokale Pustel vollständig zurück, und die Erkrankung ist ausgeheilt. Zur **Chemotherapie** eingesetzt, haben Tetrazykline

---

[1] Nach einem Artikel in Science (1991) handelt es sich um *Afipia felis*.

die Erkrankungsdauer stark verkürzt. Auch hier gilt, daß Vorbeugemaßnahmen, d. h. das Vermeiden des Kratzens (s. S. 53) den besten Schutz vor der Infektion bieten, zumal die definitive Diagnose (= Auffinden des Erregers selbst oder der Nachweis von Antikörpern) heute noch sehr schwierig ist.

Pilze

Pilze sind höher entwickelte Organismen als Viren (A) oder Bakterien (B), besitzen einen echten Zellkern und bilden eine dicke, artspezifische Zellwand aus den unterschiedlichsten Materialien aus. Im Gegensatz zu den meisten Pflanzen ernähren sich Pilze ausschließlich von organischer, d. h. von anderen Organismen produzierter Substanz. Einige Arten sind dabei zu einer rein parasitischen Lebensweise übergegangen. Die von diesen Pilzen bei Pflanzen, Tieren und/oder Menschen hervorgerufenen Krankheiten werden als **Mykosen** (von *griech.* mykos = Pilz) bezeichnet. Die Vertreter der Pilze erreichen eine großen Formenvielfalt und vermehren sich in komplizierten Entwicklungszyklen. Die parasitischen wie auch die freilebenden Pilze bilden dabei einzellige Strukturen aus, können aber auch bei einigen Arten zu vielzelligen, langen Schläuchen auswachsen, deren Gestalt von Fachleuten zur Artdiagnose herangezogen wird. Wegen der relativ derben Wand sind Pilze gegen Umwelteinflüsse, aber auch gegen Medikamente relativ unempfindlich. Besonders bemerkenswert ist, daß Pilze – wie auch viele Bakterien und Viren – sich häufig nur in geschwächten Tieren ausbreiten, während sie bei gesunden Individuen von deren Immunsystem unter Kontrolle gehalten werden können.

Wie bei allen Wirbeltieren tritt auch bei der Katze ein Pilzbefall sowohl in inneren Organen als auch auf der Haut bzw. im Haar in Erscheinung. Während der innere Befall durch sog. Sproßpilze (u. a. Hefen der Gatt. *Candida, Cryptococcus*) im allgemeinen eine geringe Bedeutung hat (= seltener ist), sind Erkrankungen (Mykosen) der Haut häufiger und bedrohen auch den Menschen, da dieser für die jeweiligen Pilzarten ein ebenso guter Wirt ist. Von besonderer Bedeutung bei Katzen sind *Microsporum canis* (95 % aller Katzenmykosen) und *Trichophyton*-Arten. Ein Befall mit diesen Pilzen äußert sich bei der Katze durch Auftreten eines stumpfen Haarkleids, gefolgt von leichtem bis starkem Haarausfall (Alopezie), Hautschuppung, Schildchenbildung (Krustung), nässenden Entzündungen infolge von bakteriellen Sekundärinfektionen. Besonders charakteristisch ist, daß diese Herde – insbesondere bei *Microsporum canis*-Befall – etwa gleichzeitig an 4–6 Stellen des Fells, bevorzugt im Bereich des Gesichts, der Ohren und der Brust (seltener am Bauch und an den Beinen) auftreten und die Tendenz haben, sich zu größeren Flächen zu vereinen. Dieses Krankheitsbild kann auch infolge eines Befalls mit Milben (s. S. 72) auftreten, so daß eine **Differentialdiagnose**, d. h. das Aufsuchen von Milben und/oder Pilzen im Hautgeschabsel vorgenommen werden muß. Die **Übertragung** erfolgt beim Körperkontakt von Katze zu Katze bzw. von Katze zum Menschen, wobei offenbar Pilzsporen von der Haut des infizierten Individuums auf der des neuen Wirts »angeklebt« werden. Bei Katzen dauert die Inkubationszeit etwa 7–14 Tage, die sich angeblich bis 14 Tage verlängern kann. Beim Menschen werden ähnliche Zeiten angegeben, aber eine gewisse »Vorschädigung« (Prädisposition) muß vorhanden sein. Die **Behandlung** des Pilzbefalls erfolgt bei der Katze durch Waschlösungen wie Ectimar® (1 % Etisazol, Bayer AG) oder versuchsweise mit Imaverol® (0,2 % Enilconazol, Janssen). Diese Waschungen sollten alle 3 Tage bzw. 7 Tage durchgeführt und insgesamt mindestens 4 mal wiederholt werden. Beim Menschen sind heute ähnliche Imidazolderivate (z. B. Ketoconazol) Medikamente der Wahl und werden von verschiedenen Firmen als orale Mittel oder als Salben angeboten. Der **Vorbeugung** (Prophylaxe) kommt bei den Pilzerkrankungen jedoch die größte Bedeutung zu. Wenn der Körperkontakt zu infizierten Individuen unterbleibt, kann im Regelfall keine Infektion erfolgen. Ist eine Katze erkrankt, so muß neben der oben beschriebenen Waschbehandlung auch noch eine intensive Desinfektion aller Gerätschaften (Kämme, Körbchen, Näpfe etc.) erfolgen, am besten durch kochend heißes Wasser oder durch Einsatz entsprechender Desinfektionsmittel (die aber oft nur teilweise wirken und stets mehrfach angewendet werden müssen).

Parasiten

Eine Reihe von Parasiten der Katze sind nicht wirtsspezifisch, so daß sie sich auch im Menschen bzw. auf dessen Haut entwickeln oder doch zumindest aufhalten können. Kenntnisse von diesen Parasiten, die zum Teil beim Menschen schwerwiegende Erkrankungen hervorrufen, sind unbedingt erforderlich, wenn in einem Haushalt Kinder und freilaufende Katzen vorhanden sind. Die Halter von Katzen müssen unbedingt auf die Gesundheit ihrer Tiere achten und die erforderlichen Hygienemaßnahmen ergreifen, damit die Gemeinschaft Katze-Mensch eine fröhliche bleibt und nicht von Erkrankungen überschattet wird. Der Umgang mit streunenden Katzen in südlichen Urlaubsgebieten ist Kinder z. B. zu untersagen. Auch sollten Katzen sich nicht in Kinderzimmern mit Säuglingen unter vier Monaten aufhalten, da in dieser Lebenszeit das Immunsystem noch nicht voll ausgebildet ist und somit eine Reihe von Erregern gute Entwicklungsmöglichkeiten hätten. Das Gefährdungspotential von vielen Parasiten ist – wegen fehlender Untersuchungen auf dem Sektor der Epidemiologie (= Lehre der Ausbreitungsmechanismen) – insbesondere in dichtbesiedelten Gebieten und/oder bei dichter Haltung bzw. Züchtung von Katzen vielfach noch nicht völlig zu übersehen. In Tabelle 3 sind einige Parasiten der Katze zusammengestellt, die durchaus eine Phase ihrer Entwicklung im Menschen vollziehen und ihn dann – z. T. sogar stärker als die Katze – erkranken lassen.

Im Zusammenleben mit Katzen haben eine Reihe von Parasiten eine besondere Bedeutung für den Menschen erlangt. So sind hier die Toxoplasmose, die Echinococcose und die durch Larven der Spul- und Hakenwürmer (in südlichen Ländern) hervorgerufenen Erkrankungen besonders hervorzuheben. Obwohl diese Parasiten bei der Katze häufig nur geringe Symptome einer Erkrankung hervorrufen, soll in diesem Kapitel ihre Wirkung auf den Menschen dargestellt werden, während dann im Kapitel 7 (s. S. 54 ff.) ihre Bedeutung bei der Katze erläutert ist.

Toxoplasma gondii – Erreger der Toxoplasmose beim Menschen

Geographische Verbreitung. Weltweit im Darm von allen Feliden (Katzenartige) und als Gewebezysten bei nahezu allen Wirbeltieren. In Europa ist der Hauptendwirt (s. S. 121) die Hauskatze, wobei im Durchschnitt nur 0,4–2 % der Katzen Oozysten (= infektiöse Stadien) mit dem Kot ausscheiden. Endwirte sind jedoch ausschließlich Katzenartige.

Artmerkmale und Entwicklung. In der Katze finden in Zellen des Darmepithels ungeschlechtliche Vermehrungen (Schizogonien) und eine geschlechtliche Phase (Gamogonie) statt. Das Fusionsprodukt der Gameten (Zygote) wird zu einem dickwandigen Dauerstadium (Oozyste) von 12 × 10 µm Größe (s. Abb. 38 B, C), das mit dem Kot ins Freie gelangt. In diesen Oozysten, die ungewöhnlich widerstandsfähig sind und evtl. länger als 1 1/2 Jahre (!) in Freien (z. B.

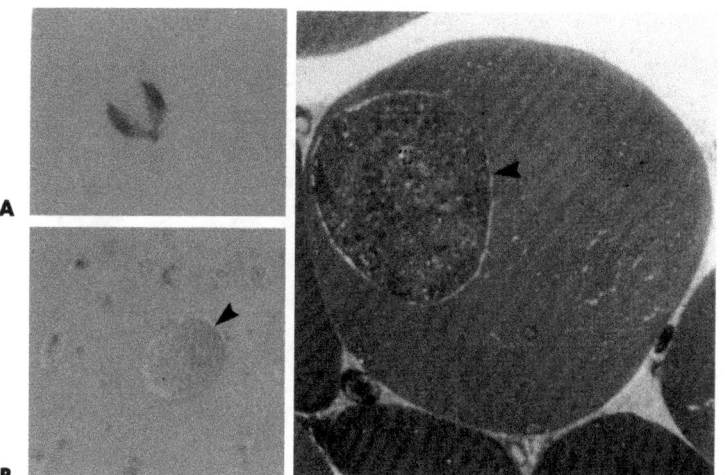

Abb. 2. Lichtmikroskopische Aufnahmen von Entwicklungsstadien von *Toxoplasma gondii* im Menschen (und allen Zwischenwirten). **A.** Zweiteilungsstadium (Wirtszelle ist geplatzt). **B.** Zyste (*Pfeil*) im Gehirn (Paraffinschnitt). × 400. **C.** Zyste (*Pfeil*) in einer quergeschnittenen Muskelfaser (Semidünnschnitt). × 2000.

Körbchen) ausharren können, entstehen in einer weiteren, ungeschlechlichen Vermehrungsform (Sporogonie) zwei Sporozysten (von 8 × 6 µm) mit je 4 Sporozoiten. Werden derartige Oozysten oral von der Katze aufgenommen, wiederholt sich der Zyklus, und nach 24 Tagen erscheinen neue Oozysten im Kot. Die Sporozoiten werden im Darm durch Auflösung der Oo- und Sporozystenwände frei, dringen in die Epithelzellen ein und beginnen dort mit der ungeschlechtlichen Vermehrung (Abb. 2). Werden dagegen derartige Oozysten von Zwischenwirten (etwa von Mäusen, Schweinen, aber auch von Menschen) oral aufgenommen, schlüpfen in deren Darm ebenfalls die Sporozoiten. Diese verlassen das Darmlumen und dringen in freie Freßzellen (sog. Makrophagen) der Darmwand ein und vermehren sich dort durch eine besondere Form der

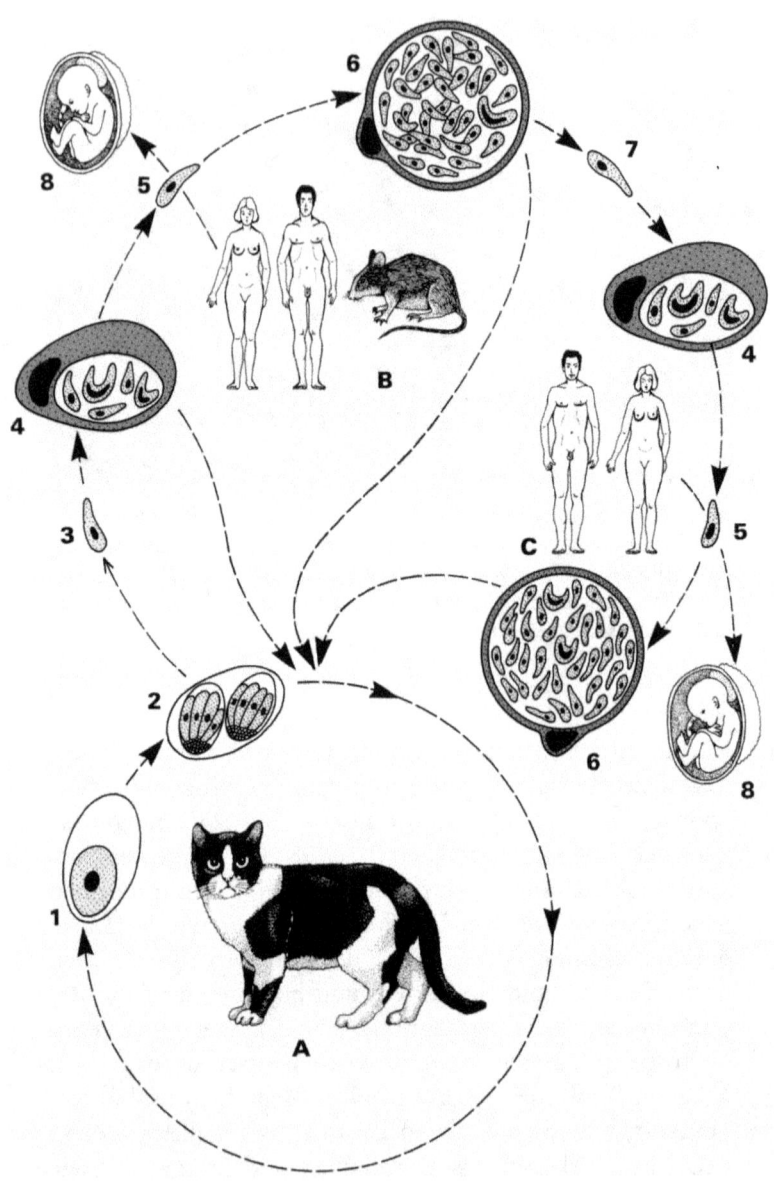

Zweiteilung so stark, daß diese Zelle platzt (Pseudozyste) (Abb. 3).

Diese Vermehrungen können sehr schnell ablaufen und viele Makrophagen betreffen – was zu entsprechender Ausbreitung und Schädigung im Wirt führt (s. u.). Die dabei gebildeten beweglichen Stadien sind vorn zugespitzt, erreichen eine Länge von 5–7 × 2– µm (1 mm = 1000 µm) und sind namensgebend (von *griech.* toxos = halbmondförmig) gebogen. Sie dringen auch in Zellen des Gehirns und der Muskulatur ein und bilden dort durch wiederholte Zweiteilungen Gewebezysten, die max. etwa 0,4 mm Durchmesser erreichen. Das Besondere an der Art *Toxoplasma gondii*, das in mehreren, unterschiedlich pathogenen (= krankmachenden) Stämmen vorliegt, ist die Tatsache, daß sich viele andere Wirte durch orale Aufnahme derartiger Gewebezysten mit rohem oder halbrohem Fleisch infizieren können und dann ebenfalls an Toxoplasmose erkranken (s. Abb. 2

Abb. 3. Schematische Darstellung des Lebenszyklus von *Toxoplasma gondii* (vergl. Text) (Parasiten *gelb*, Wirtszelle *rot*). **A.** Endwirt Katze. **B.** 1. Zwischenwirttyp (Pflanzenfresser, Allesfresser): Infektion erfolgt über die Fäzes der Katze. **C.** 2. Zwischenwirttyp (Fleischfresser): Infektion erfolgt durch Aufnahme von Erregern in rohem Fleisch. *1.* Oozyste in frischem Katzenkot. *2.* Oozyste mit Sporozysten und infektionsfähigen Sporozoiten nach 2–3 Tagen Lagerung im Freien. *3.* Sporozoiten werden im Darm des Zwischenwirtes frei, wenn Oozysten oral aufgenommen wurden. *4.* Vermehrungsphase innerhalb von Abwehrzellen: ständige Teilungen führen zur Überschwemmung (diese pralle Wirtszelle wird auch **Pseudozyste** genannt). *5.* Freies Stadium auf dem Weg in verschiedene Organe (u. a. *8*). *6.* Zystenbildung in Zellen des Gehirns und der Muskulatur (Wartestadien). Zystenmerozoiten (*7*) bleiben evtl. Jahre infektiös. *7.* Zystenmerozoit; nachdem ihn ein Fleischfresser aufgenommen hat, dringt er in Abwehrzellen des neuen Wirts ein und wiederholt die gleiche Entwicklung wie im Zwischenwirt 1 (dies gilt zunächst auch für die Katze). In ihr entstehen aber schließlich auch wieder Oozysten (*1*). *8.* Bei Schwangeren ohne Vorinfektion (!) können bei Infektion während der Schwangerschaft Parasiten über die Fruchtblasenwand in den Fötus vordringen.

A–C), wobei sie letzlich ebenfalls wieder Zysten im Gehirn und in der Muskulatur ausbilden. Bei Erstinfektionen der Mutter während der Schwangerschaft werden die Foeten sowohl von Tieren als auch von Menschen befallen. Nehmen Katzen, in denen ebenfalls neben den Darmstadien Gewebezysten auftreten können, solche Gewebezysten (etwa mit Mäusemuskulatur) auf, so erfolgt bei ihnen die Einleitung des darmständigen Vermehrungszyklus. Sie scheiden dann aber bereits nach etwa 6 Tagen die widerstandsfähigen Oozysten aus.

Befallsmodus beim Menschen. Oral durch Aufnahme von Oozysten aus dem Katzenkot (Fell), durch Verzehr von rohem oder halbrohem zystenhaltigen Fleisch von Zwischenwirten (Schweine etc.) oder durch Übertritt von beweglichen Parasitenstadien aus dem Blut der Mutter zum Fötus (nur bei Erstinfektion während der Schwangerschaft). Eine Übertragung bei Bluttransfusionen ist ebenfalls möglich.

Anzeichen der Erkrankung beim Menschen (Toxoplasmose). Der Verlauf der Toxoplasmose beim Menschen ist abhängig vom jeweiligen Zustand des Immunsystems der betroffenen Person, so daß hier deutlich nach verschiedenen Gruppen von Betroffenen unterschieden werden muß.

Die Toxoplasmose der Gesunden

Diese Form, die etwa ab dem zweiten Lebensjahr (bei voller Ausbildung des Abwehrsystems) in Erscheinung tritt, ist die weitaus häufigste. So haben im Alter von 20 Jahren etwa 20 %, im Alter von 40 Jahren etwa 40 % und mit 80 Jahren nahezu alle Gesunden die Toxoplasmose einmal, meist unbemerkt durchlaufen, was an den in ihrem Blut vorhandenen Antikörpern nachzuweisen ist. Wenn überhaupt, stellen sich nach einer Inkubationszeit von 2–3 Wochen nach der Infektion (s. S. 121) eine Lymphknotenschwellung im Nackenbereich, leichtes Fieber und Muskel- bzw. Leibschmerzen ein, die aber meist unerkannt nach einiger Zeit auch ohne Behandlung wieder verschwinden.

Toxoplasmose der Immungeschwächten

Bei diesem Personenkreis, der z. B. AIDS-Patienten, aber auch zahlreiche Personen mit medikamentbedingter Immunsuppression einschließt, verläuft die Toxoplasmose akut und ohne Behandlung oft tödlich, weil sich der Erreger ungehemmt über die oben erwähnten ungeschlechtlichen Zweiteilungen vermehren und dabei nahezu jedes Organ befallen kann. Demgemäß variieren die Symptome; häufig treten jedoch hohe, anhaltende Temperaturen, Schüttelfrost, Herzinnenhaut-, Leber-, Lungen- und Hirnhautentzündungen in Erscheinung. Vermutlich kommt die sog. chronische Toxoplasmose, die wiederkehrend zu schweren Augenschäden, Kopfschmerzen, Gewichtsverlusten und Durchfall führt, auch bei Personen mit reduzierter Abwehrkraft vor, wobei deren Immunschwäche aber offenbar als geringgradig einzustufen ist oder nur zeitweilig auftritt.

Säuglingstoxoplasmose

Zu dieser Form der Erkrankung kommt es nur bei Erstinfektionen der Mutter (allerdings bis 35 %) während der Schwangerschaft, wobei der Erreger über die Plazenta zum wachsenden Kind übertritt. Bei schwersten, unbehandelten Fällen (= unter 1 % der konnatalen Infektionen) kommt es zu massiven Hirnschäden mit der Ausbildung des sog. Wasserkopfs, schweren Verkalkungen und/oder Netzhautentzündungen, oft mit Todesfolge (evtl. Fehl- oder Totgeburten). Bei der Geburt sind 70 % der infizierten Säuglinge völlig symptomfrei, 10 % haben Augenschäden und 20 % eine verborgene (= latente) Infektion mit unspezifischen Symptomen. Auch bei zunächst symptomfreiem Erscheinungsbild können Augenschäden oft noch nach 20 Jahren (!) auftreten.

Infektionsgefahr für die Katze. Vom Menschen treten keine Erreger auf die Katze über, sondern diese muß sich bei anderen Katzen oder rohem Fleisch (s. u.) **neu** infizieren.

Diagnosemöglichkeiten beim Menschen. Ein Befall mit Toxoplasmose-Erregern ist beim Menschen durch eine serologische Blutuntersuchung festzustellen, die jedes medizinische Untersuchungslabor problemlos durchführen kann.

Vorbeugung. In Anbetracht des Entwicklungszyklus und der Infektionsmöglichkeiten (s. o.) sollten folgende Grundregeln beachtet werden:
a) Kein rohes Fleisch (insbesondere nicht von Schweinen) essen.
b) Katzen nicht mit rohem Fleisch füttern.
c) Heimkatzen mit Freilauf das Fressen von Mäusen abgewöhnen.
d) Menschen sollten Kontakt zu streunenden Katzen – besonders im Urlaub – meiden.
e) Katzen nicht in Betten bzw. Zimmern von Kindern unter 2 Jahren dulden.
f) Generell auf Sauberkeit achten, Schlafkörbchen säubern, Katzentoilette heiß auswaschen etc.
g) Bei einer Schwangerschaft – geplant oder ungeplant – sollte wegen der möglichen Gefährdung des Fötus (s. o.) ein serologischer Test auf Toxoplasmose vom Gynäkologen verlangt werden. Eine vorausgegangene Infektion kommt nämlich einer Impfung gleich. Sonst ist auf die Einhaltung der oben genannten Vorsichtsmaßnahmen besonders zu achten.

Bekämpfungsmaßnahmen
Generelle Vorbeugung: s. oben.
Chemotherapie: Bei einer Infektion kann der Arzt eine erfolgreiche Therapie durch Gabe von Sulfonamiden oder deren Kombination mit Pyrimethamin durchführen.

Echinococcus multilocularis – Erreger der alveolären Echinococcose

Geographische Verbreitung. Österreich, Schweiz, östl. und mittleres Frankreich, vermutlich ganz Deutschland, mit besonders starker Verbreitung auf der Schwäbischen Alb, im Schwarzwald und in Waldgebieten von NRW; aber auch in Hokkaido (Japan), nördl. USA, südliche und östliche GUS-Staaten, Iran.

Artmerkmale und Entwicklung. Im Darm von Hund, Fuchs und Katze (Endwirte) treten die geschlechtsreifen Stadien des sog. Fuchsbandwurms *Echinococcus multilocularis* auf, die im Gegensatz zu anderen Bandwürmern (s. S. 138) sehr klein bleiben, maximal 2–6 mm Länge erreichen und nur aus wenigen Proglottiden bestehen (Abb. 3). Stets sind aber viele einzelne, geschlechtsreife Bandwürmer vorhanden, die etwa 1 × pro Woche (bis alle 14 Tage) jeweils die hinterste, die Eier enthaltende Proglottide abschnüren, so daß diese als »weißer Strich« in bzw. auf den Fäzes erscheinen. Der sog. Hundebandwurm *E. granulosus* tritt bei der Katze nicht auf, sondern nur beim Hund und Fuchs. Der Entwicklungszyklus beider *Echinococcus*-Arten schließt jeweils einen Endwirt (Hund, Fuchs und/oder Katze) und einen Zwischenwirt (Schaf, Maus etc., s. Abb. 4) ein, in denen große Zysten mit den für Endwirte infektiösen Stadien heranwachsen. Der Endwirt infiziert sich durch Fressen solcher Zysten. Für *E. granulosus* ist der Hauptendwirt der Hund und der Hauptzwischenwirt das Schaf (bzw. ebenso große Tiere –

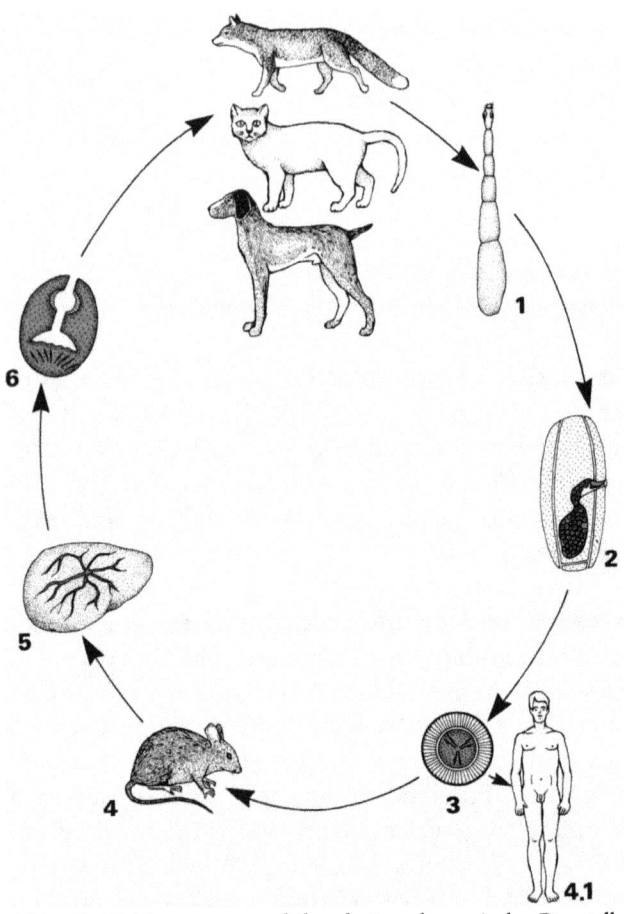

Abb. 4. *Echinococcus multilocularis;* schematische Darstellung des Lebenszyklus des sog. Fuchsbandwurms. *1.* Kurzer, adulter Wurm im Darm u. a. der Katze weist hier 5 sichtbare Proglottiden auf. *2.* Abgeschnürte Endproglottide in den Fäzes; sie enthält im Uterus (*rot*) zahlreiche Eier. *3.* Infektiöses Ei; eine dicke, gestreifte Wand (Embryophore) schützt die infektionsfähige Sechs-Haken-Larve (*rot*, Oncosphaera) im Freien. *4., 4.1.* Zwischenwirte nehmen diese Eier oral auf. Die Sechs-Haken-Larve dringt in die Leber vor. *5.* In der Leber (aber auch Lunge etc.) entsteht ein verzweigtes Schlauchsystem (*rot*) mit hohlen Mittel- und soliden Endteilen. *6.* Infektionsfähiges Stadium (ausgestülpter sog. Protoskolex) entsteht in den Schläuchen und wächst nach oraler Aufnahme durch den Endwirt in dessen Darm zum geschlechtsreifen, zwittrigen Wurm heran.

Schwein, Pferd – bei anderen *E. granulosus*-Rassen bzw. Unterarten). Die Katze hat aber für *E. granulosus* keine Bedeutung als Endwirt, da diese Zwischenwirte nicht zum normalen Nahrungsspektrum gehören und auch experimentell die Katze nicht zu infizieren war.

Bei *E. multilocularis* sind Füchse die Hauptendwirte (s. Abb. 4, 53 A) und dementsprechend stark befallen – bis 70 % in vielen Gebieten der Schweiz, Frankreichs oder auch in NRW. Hauptzwischenwirte sind kleine Nager, in denen die schlauchartigen Zysten mit den für den Endwirt infektiösen Stadien entstehen (s. Abb. 3). Da derartige Nager in der Bewegung gehemmt sind, gehören sie durchaus zur Beute von Katzen, die somit hier in Mitteleuropa als Endwirt infrage kommen und tatsächlich bei Untersuchungen in Süddeutschland in bis zu 2 % aller Fälle infiziert waren.

Die von beiden *Echinococcus*-Arten produzierten, mit etwa 50 µm Durchmesser sehr kleinen Eier (s. Abb. 72 D) sind im Freien außergewöhnlich widerstandsfähig gegenüber Witterungseinflüssen und können durchaus Minustemperaturen und damit den Winter überdauern. Diese Würmer haben Bedeutung für den Menschen erlangt, weil in ihm – wie in den jeweiligen Zwischenwirten – die zystenartigen Stadien in der Leber, Lunge oder anderen Organen entstehen können. Da für das Verhältnis Katze – Mensch nur *E. multilocularis* von Bedeutung ist, sollen diese Zusammenhänge im Vordergrund stehen. Obwohl letzte Klarheit über den exakten Infektionsmodus und den Zeitverlauf einer Erkrankung fehlt, kann davon ausgegangen werden, daß der Mensch sich durch die orale Aufnahme von *E. multilocularis*-Eiern aus Fuchs- Hunde- oder Katzenkot infiziert – allerdings ist das glücklicherweise noch ein extrem **seltener Vorgang**. Im Darm des Menschen schlüpft die in den Eiern enthaltene Sechs-Haken-Larva (Oncosphaera) und dringt über die Blutbahn in die Leber vor (hauptsächlicher Ansiedlungsort). Dort entstehen durch Ausbildung eines gewunde-

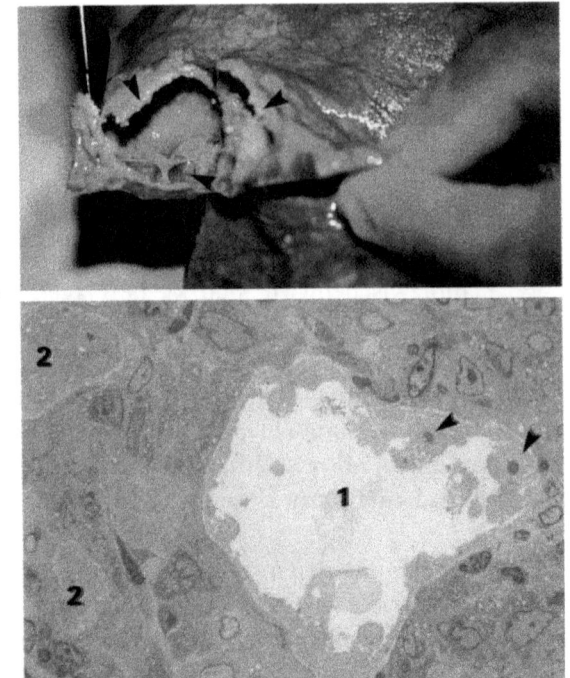

Abb. 5. Multilokuläre Zysten von *E. multilocularis* in der Leber des Zwischenwirtes (u. a. Mensch). **A.** Makroaufnahme eines angeschnittenen Schlauchsystems: *Pfeile*. **B.** Semidünnschnitt durch ein Schlauchsystem mit quergetroffenen hohlen (*1*) und soliden (*2*) Anteilen. Die Entwicklung wird durch dauernd wuchernde, undifferenzierte Zellen (*Pfeile*) vorwärts getrieben.

nen Schlauchsystems – wobei das Wachstum durch Teilung omnipotenter Zellen am Ende von soliden, dünnen Zellfäden erfolgt, die sich durch die Leber schieben – ein im Schnitt (Abb. 5 B) »schwammig-löchrig« (alveolär) erscheinendes Zystensystem (Abb. 5 A), das das Wirtsgewebe weitgehend zerstört. Im Inneren dieser Schläuche entwickeln sich dann die infektionsfähigen Bandwurmköpfchen (Protoscolices). Werden solche undifferenzierten Zellen aus dem Schlauch – etwa bei Operationen – freigesetzt, kommt es zur Metastasenbildung: neue Zysten entstehen in gleichen oder anderen Organen, wenn die Zellen auf dem Blutweg verbreitet werden. Frißt ein Endwirt derartiges Zystenmaterial, z. B. beim Verzehr einer Maus, entwickeln sich in ihm die Bandwürmer in 5–6 Wochen zur Geschlechtsreife.

Befallsmodus beim Menschen. Oral; Menschen infizieren sich mit *E. multilocularis* durch Aufnahme von Eiern aus dem Kot infizierter Endwirte (somit potentiell auch aus den Fäzes infizierter Katzen) – besondere Gefahren gehen jedoch von Füchsen aus (s. o.).

Anzeichen der Erkrankung beim Menschen (alveoläre Echinococcose). Das Wachstum der Zysten in der Leber dauert im Gegensatz zu den sonstigen, echten Zwischenwirten (z. B. Feldmäuse), wo die Entwicklung nur einige Wochen in Anspruch nimmt, vermutlich Jahre, so daß die Anfangssymptome sehr unspezifisch sind und ein Befall meist lange unerkannt bleibt. Danach treten organspezifische Ausfallserscheinungen (Störungen in der Verdauung, bei der Atmung, Druckschmerz etc.) in den Vordergrund, die ohne Behandlung zum Tod führen können. Glücklicherweise ist der Befall des Menschen – trotz der relativ hohen Durchseuchung der Endwirte Fuchs, Katze und Hund – ein seltenes Ereignis.

Infektionsgefahr für die Katze. Die Infektionsquelle ist ausschließlich in befallenen Mäusen zu sehen.

Diagnosemöglichkeiten beim Menschen. Wegen des Befalls innerer Organe (ohne Freiwerden von Parasitenstadien) liegen die Möglichkeiten der Diagnose ausschließlich bei der serologischen Untersuchung (durch Speziallabors) und der Analyse von röntgenologischen bzw. computertomographischen Aufnahmen in Kliniken. Alle diese indirekten Verfahren sind noch mit Unzulänglichkeiten behaftet und bedürfen der kritischen Betrachtung. Eine Entnahme von Biopsiematerial aus einer befallenen Leber **verbietet** sich wegen des dann möglichen Freisetzens der omnipotenten, undifferenzierten Zellen aus der Schlauchzyste (Gefahr der **Metastasenbildung**).

Vorbeugung. Vermeiden des Umgangs mit streunenden Katzen bzw. des Anfassens von (toten) Füchsen oder des Kontaktes zu deren Kot. Heimkatzen mit Freilauf in fuchsbesetzten Gebieten sollten unbedingt regelmäßig entwurmt und an Dosenfutter gewöhnt werden.

Behandlungsmaßnahmen. Bei Auftreten einer *E. multilocularis*-Zyste beim Menschen hilft heute in den meisten Fällen die tägliche Gabe hoher Dosen von Bendazolen (Mebendazol = Vermox forte® bzw. Albendazol = Eskazole®), die zwar die Zysten nicht abtöten, aber doch ihr Wachstum verhindern.

Toxocarose des Menschen

Geographische Verbreitung. Weltweit.

Artmerkmale und Entwicklung. Die Spulwürmer der Katze (s. S. 154) produzieren täglich Tausende von Eiern (s. Abb. 73 B), die mit dem Kot ins Freie gelangen, im Fell kleben oder auf verschiedenen Wegen (u. a. Regenfluß, direkte Kotabsetzung) in Sandkästen von Kindern gelangen und sich dort in so riesigen Mengen anreichern, daß verantwortungsbewußte Stadtverwaltungen den Sand zweimal jährlich austauschen lassen. Gelangen solche Eier, in denen sich im Freien (temperaturabhängig oft erst nach Wochen) eine infektionsfähige Larve entwickelt (s. S. 157), in den Mund und Darm des Menschen, so schlüpft diese dort und beginnt wie in der Katze mit einer Körperwanderung, die aber nicht mit der Bildung von geschlechtsreifen Würmern im Darm endet. Diese, auf mehrere mm Länge heranwachsenden Spulwurmlarven wandern nämlich als sog. larva migrans visceralis (= innere Wanderlarve) ziellos im Körper des Menschen umher, bis sie schließlich sterben oder vom Abwehrsystem überwältigt, in Knoten eingeschlossen und dort abgebaut werden.

Befallsmodus. Oral durch Aufnahme von larvenhaltigen Eiern aus Katzenkot.

Anzeichen der Erkrankung beim Menschen (Toxocarose). Prinzipiell variieren die Krankheitssymptome je nach befallenem Organ. So finden sich Asthma-Erscheinungen bei Lungenbefall, epileptische Krämpfe bei Befall des Gehirns, Augenschäden bis Erblindung bei Penetration des Auges, Leber- und Herzinnenhautentzündungen bei der Passage dieser Organe etc. Generell geht dieser lokale Befall mit Fieber einher. Die Schwere der Symptome hängt auch von der Anzahl der wandernden Larven ab. Reihenuntersuchungen im Hinblick auf die Durchseuchung der Bevölkerung stehen noch aus, so daß das Risiko, das von den Tausenden von Wurmeiern in Sandkästen oder im Fell von Tieren ausgeht, noch nicht abzuschätzen ist.

Infektionsgefahr für die Katze. Die Stadien im Menschen können nicht zur Katze gelangen, so daß hier kein weiteres Risiko (einer Wurmanhäufung) für den Menschen besteht.

Diagnosemöglichkeiten. Serologischer Nachweis von Antikörpern im Blut von Menschen. Häufig ist eine starke Erhöhung bestimmter weißer Blutkörperchen (= eosinophiler Granulozyten) ein Hinweis auf Spulwurmbefall.

Vorbeugung. Katzen im Haushalt (mit Freilauf) regelmäßig entwurmen, Katzentoiletten mit heißem Wasser regelmäßig säubern (Larven in den Eiern benötigen längere Zeit – mindestens 10 Tage – zur Entwicklung), Sand in Sandkästen regelmäßig erneuern, kleinere Kinder nicht unbeobachtet in Sandkästen spielen lassen, Kinder zur Hygiene im Umgang mit Katze und Hund anhalten.

Behandlungsmaßnahmen. Bei eindeutig nachgewiesener Toxocarose wurden von Ärzten sehr erfolgreich Fadenwurmmittel mit den Wirkstoffen Mebendazol (z. B. Vermox®) oder Thiabendazol (in Deutschland nicht zugelassenes Präparat) eingesetzt.

Hakenwurmkrankheit – Hautmaulwurf (*engl.* creeping eruption)

Geographische Verbreitung. In Europa in Ländern des Mittelmeerraumes (Urlaubsgebiete), sonst weltweit in allen warmen Ländern; vermutlich kann auch die einheimische Art *Ancylostoma tubaeforme* zu diesen Erscheinungen führen.

Artmerkmale und Entwicklung. Die Hakenwürmer der Katze (s. S. 159) produzieren täglich Tausende von Eiern, die mit dem Kot freiwerden. Nach wenigen Tagen der Entwicklung (temperaturabhängig) schlüpfen Larven, die über zwei Häutungen zur Infektionslarve 3 heranwachsen und wiederum in die Haut der Katze **oder** aber auch in den Menschen eindringen. Während von den Würmern nach einer Körperwanderung bei der Katze schließlich in deren Darm die Geschlechtsreife erlangt wird, geschieht das beim Menschen nie. Diese Larven, die dann als »larva migrans cutanea« (Hautwanderlarve) bezeichnet werden, bis 0,5 cm Länge erreichen und während ihrer Wanderung von einigen Wochen bis zu 3 Monaten täglich einen Weg von 3–5 cm in der Haut zurücklegen, führen dann häufig zu äußerlich sichtbaren, entzündeten Gängen (s. Abb. 6). **Achtung:** Katzen, die in südliche Urlaubsländer mitgenommen werden oder die von dort mitgebracht werden, können die dort verbreiteten Erreger bei uns einschleppen. Die Temperaturen in Wohnungen oder Stallungen sind auch hier für eine Weiterentwicklung ausreichend, da nur eine tägliche Durchschnittstemperatur von 18 °C erforderlich ist.

Befallsmodus. Perkutan, die Larven gelangen von Gräsern auf die Haut und bohren sich dann ein.

Anzeichen der Erkrankung beim Menschen (creeping eruption). Starker Juckreiz entlang der erhabenen, oft infolge des Kratzens entzündeten Gänge, die zur Namensgebung der Erkrankung beigetragen haben.

Infektionsgefahr für die Katze. Die Stadien im Menschen können von dort aus nicht zur Katze gelangen und stellen somit kein weiteres Risiko dar, vergl. S. 161.

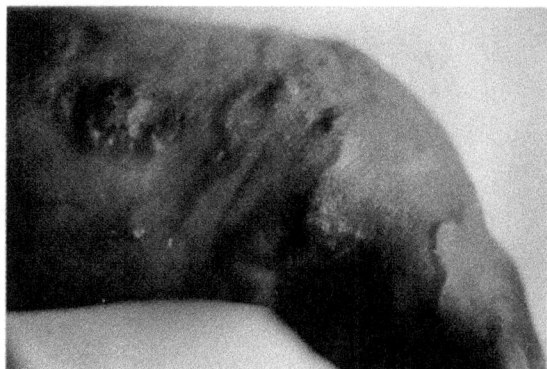

Abb. 6. Makroskopische Aufnahme eines Männerarmes mit mehreren entzündeten Bohrgängen des »Hautmaulwurfes« – Larva migrans cutanea– von Hakenwürmern (Aufnahme Dr. Ritter, München).

Diagnosemöglichkeiten. Das äußerliche Erscheinungsbild der fadenförmigen, oft entzündeten Gänge ist zur Diagnose hinreichend geeignet (Abb. 6).

Vorbeugung. In Urlaubsgebieten sollte der Kontakt zu Pflanzen in Nähe von »Katzenhäufchen« gemieden werden. Generell wirken auch lange Beinkleider und/oder festeres Schuhwerk sehr schützend. Katzen aus Urlaubsländern sollten **nur** nach Entwurmung und anderen medizinischen Behandlungen vor Ort mitgenommen werden. Streunende Katzen sollten in Urlaubsgebieten nicht durch Fütterung auf Terrassen angelockt werden, weil man beim Barfußgehen mit Katzenfäzes (und evtl. Wurmstadien) in Berührung kommen kann.

Behandlungsmaßnahmen. Größere Wurmstadien können chirurgisch aus den Enden der Gänge entnommen werden, gegen kleinere helfen ärztlich verschriebene Salben mit den Wirksubstanzen gegen Fadenwürmer (Mebendazol, Thiabendazol in 15%iger Konzentration). Vielfach wurde auch ein Abtöten durch lokale Vereisung mit Aethylchlorid-Spray empfohlen.

6 Wie schütze ich meine Familie und meine Katze vor Parasiten und vor den damit verbundenen Gefahren?

Wenn die Katzen Würmer im Darme tragen,
sich die Eier auch im Felle niederschlagen,
darum insbesondere vor dem Essen,
Händewaschen nicht vergessen,
denn schon W. Busch läßt sagen,
voll Würde und voll Schmerz:
»Die Reinlichkeit ist nicht zum Scherz.«

Neben den für jeden Parasiten spezifischen Maßnahmen zur **Vorbeugung, Abwehr** und **Bekämpfung** (s. Einzeldarstellungen in den Kapiteln 5 und 7) verhilft die Beachtung einiger allgemeingültiger Hygienevorschriften schon weitestgehend zu einer sorgenfreien Katzenhaltung. Diese hier aufgestellten 10 Regeln minimieren das Infektionsrisiko für die Katze im Haushalt und damit für die ganze Familie. Diese vorgeschlagenen generellen Maßnahmen unterbrechen oder behindern die im Kapitel 4 zusammengestellten Infektionswege von Erregern aller Art so entscheidend, daß oft bereits auf diesem Wege eine gefährliche Massenausbreitung auf jeden Fall verhindert wird.

Nahrung

Katzen sollte die Nahrung (Fisch, Fleisch) nur in abgekochter Form angeboten werden. Durch erzieherische Maßnahmen sollte Katzen, die sich im Haushalt aufhalten bzw. als Schmusetiere Umgang mit Kindern pflegen, das Fressen von

Mäusen abgewöhnt werden. Feuchtnahrung darf nicht zu lange im Napf liegen, damit sich nicht pathogene = krankmachende Erreger (Bakterien) bzw. Fliegenlarven einnisten oder ausbreiten können.

Beseitigung des Kots

Katzentoiletten sollten nur von einer Katze benutzt und täglich gesäubert werden. Sie sind danach mit heißem Wasser auszuspülen, zumal Wurmeier mehrere Tage zur Entwicklung, d. h. bis zur Infektionsreife benötigen. In Katzenzwingern sollten die Fäzes ebenfalls täglich entfernt und der Zwinger mindestens einmal wöchentlich mit einem heißen Dampfstrahl von mehr als 60 °C gesäubert werden. Für die Bekämpfung von Kokzidien-Oozysten sind allerdings kürzere Abstände der Behandlung mit heißem Wasser notwendig. So sterben diese Dauerstadien in den ersten beiden Tagen im Freien bereits nach 15 Sekunden, wenn sie mit heißem Wasser in Kontakt kommen. Danach (mit Erlangung der Infektionsreife) halten sie es bis 15 Minuten in heißem Wasser aus. Somit empfiehlt sich die Reinigung in Zwingern mit Jungkatzen bereits alle 2 Tage. Auch stehen einige Desinfektionsmittel (BERGO-Endodes Chevi 75, Club TGV-Anticoc, P 3-incicoc, Schaumann-Endosan, VENNO-ENDO VI – alle 5 % für 2,5 Stunden; Lysococ® – 4 % für 30 Minuten) zur Verfügung. Katzen sollten von Sandkästen oder Spielanlagen der Kinder verscheucht werden, da Regen die Wurmeier aus dem Kot auswäscht und evtl. in Sandkästen einspült.

---

[1]Firmen s. S. 124, 158

Grundsäuberung der Lagerstätten im Haus

Da Wurmeier, Flohlarven und anderes Ungeziefer in die Lagerstätten eingeschleppt werden und an Decken kleben, müssen diese regelmäßig mit heißem Wasser gesäubert werden bzw. die Decken müssen gewaschen werden. Diese Reinigungsmaßnahmen, die durch Einsatz von Desinfektionsmitteln unterstützt werden können, sollten einmal pro Woche durchgeführt werden.

Entwesung der Lagerstätten

Die sich im Lager entwickelnden Larven von Ektoparasiten können durch Sprays, die Häutungshemmer enthalten (z. B. Bolfo-Plus®, Vet-Kem®, Petvital®) bekämpft werden. Die Wirkung setzt aber erst nach etwa 14 Tagen ein, hält aber für etwa 4 Monate vor.

Tragen von Ungezieferhalsbändern

Bei Aufenthalt der Katzen im Freien und dem damit verbundenen Durchstreifen von Gräsern sollte ihnen ein Ungezieferhalsband (s. S. 63) angelegt werden. Allerdings ist bei Vorhandensein von Kleinkindern im Haushalt **Vorsicht** (!) geboten. Einige Hersteller warnen ausdrücklich vor unsachgemäßer Anwendung. Rückstände der insektizid wirkenden Mittel sind stets im Fell nachweisbar, wenn auch nicht sichtbar. Allerdings unterbleibt der Schutz oft, wenn das Halsband naß geworden ist. Nach Heimkehr sollte der Katze das Halsband abgenommen werden. Die Insektizidreste können durch intensives Kämmen im Fell minimiert werden.

Regelmäßige Fellpflege

Durch regelmäßige Fellpflege (Waschen, Kämmen, Bürsten) wird bei Katzen die Anzahl von Ektoparasiten – insbesondere bei Haltung in der Wohnung und Freilauf – niedrig gehalten und eine Ausbreitung gleich in den Ansätzen erstickt.

Regelmäßige Kotuntersuchungen bzw. Wurmkuren

Insbesondere bei Anwesenheit von Kleinkindern im Haushalt ist es notwendig, Katzen mit Freilauf regelmäßig auf Würmer hin zu untersuchen bzw. eine Wurmkur (s. S. 187 ff.) mit einem Breitbandmittel durchzuführen. Zur Kotuntersuchung wird eine Probe aus verschiedenen Stellen des »Katzenhäufchens« mit einem Holzspatel entnommen und in einem Plastikgefäß zum Tierarzt gebracht. Da die Ausscheidung von Wurmeiern nicht täglich erfolgt, birgt eine einmalige Untersuchung die Gefahr der Fehldiagnose. Der richtig dosierte – wie auf der Packung empfohlene – Einsatz der Wurmmittel wird auch geringen (und dann oft verborgen bleibenden) Befall sicher eliminieren.

Sorgfältige Beobachtung

Bei Heimkatzen, aber auch bei der Haltung von Zuchtkatzen in Zwingern ist es unbedingt erforderlich, jede Katze täglich auf ihr Erscheinungsbild und Verhalten hin zu beobachten. Äußere Anzeichen – Stumpfwerden des Fells, Aggressivität etc. – sind deutliche Hinweise auf einen Befall mit Erregern (s. Kapitel 5). Je eher dies erkannt wird, umso problemloser ist die Bekämpfung bzw. umso niedriger bleibt das Infektionsrisiko für den Menschen.

Persönliche Sauberkeit im Umgang mit Katzen

Erwachsene und insbesondere Kinder sollten nach dem Streicheln von Katzen und vor den Mahlzeiten dazu angehalten werden, ihre Hände zu waschen. Katzen gehören zudem nicht ins Bett und schon gar nicht in die Zimmer von Kleinkindern unter zwei Jahren, weil deren Immunsystem noch nicht voll ausgebildet ist. Schwangere, die noch keine Antikörper gegen *Toxoplasma gondii* besitzen (Untersuchung vom Gynäkologen verlangen), sollten zudem den Kontakt zu Katzen – insbesondere zu fremden – meiden. Nach Säuberungsarbeiten von Katzentoiletten oder in Zwingern sollten Kleidungsstücke (Schürzen, Stiefel, etc.) gewechselt werden.

Meiden von fremden Katzen im Urlaub

Eigene Katzen sollten möglichst nicht mit in südliche Urlaubsländer genommen werden, weil für sie Infektionsgefahr mit mehreren Typen von Erregern besteht, die zudem bei Rückkehr nach Hause eingeschleppt werden können. In Urlaubsländern ist der Kontakt zu streuenden Katzen unbedingt zu meiden. Dies gilt auch für eine Fütterung fremder Katzen etwa auf der Terrasse des Ferienbungalows, was zur Anlockung anderer und vermehrtem Aufenthalt führt. Vor dem Mitbringen streunender Katzen ohne vorherige Entwurmung **und** medizinische Untersuchung (s. Tollwut, s. S. 23) muß ganz energisch gewarnt werden.

7 Welche Parasiten gibt es?

*Manche Parasiten haben Beine,
andere brauchen keine,
um an die Orte zu kriechen,
die nicht besonders riechen.*

In diesem Kapitel erfolgt die Einzeldarstellung der Parasiten, bei denen zwei Großgruppen unterschieden werden, sowie die Vorstellung der spezifischen Abwehrmaßnahmen. Die **Ektoparasiten** *(griech.* ektos = außen), die in der Haut und im Fell leben, können dabei ständig (stationär) oder nur zeitweilig (temporär) bei einer Katze parasitieren. Die Endoparasiten *(griech.* endos = innen), die sich je nach Größe in Hohlräumen aufhalten oder sogar in das Innere von Zellen eindringen, sind dagegen stets stationär und bleiben bis zum Abschluß einer Entwicklungsphase (d. h. evtl. für Jahre) im davon nicht sehr »beglückten« Wirt. Allerdings tarnen sie sich in vielen Fällen so gut vor dem Immunsystem des Wirts, das es dann kaum Abwehrreaktionen gibt. Warum einige Parasiten ihrem Wirt nachdrücklicher schaden (= schwerwiegende Krankheiten hervorrufen) als andere, ist weitgehend unbekannt. Generell gilt allerdings, daß – von Ausnahmen abgesehen – eine steigende Parasitzenzahl schwerere Schäden hervorruft.

In den Einzeldarstellungen der Parasiten werden die wissenswerten Daten systematisch in den folgenden Abschnitten dargeboten:

1. Geographische Verbreitung
2. Artmerkmale und Entwicklung
3. Befallmodus und übertragene Erreger

4. Anzeichen der Erkrankung
5. Infektionsgefahr für den Menschen
6. Diagnosemöglichkeiten
7. Vorbeugung
8. Behandlungsmaßnahmen

Parasiten der Körperoberfläche

Tante Trine ist die Freud am Kater Fritz vergällt,
wenn sie sein Haar in der Hand behält.

Haut und Fell sind Ziel- und Aufenthaltsorte einer Reihe von sog. Ektoparasiten. Dabei können sie sich völlig in die Haut eingraben (s. S. 75), Hautteile an- und abfressen (s. S. 84) oder Blut saugen (s. S. 59). Da sie in jedem Falle die Oberfläche der Haut verletzen, schaffen sie somit Eintrittspforten für Bakterien und/oder Pilze, die zu sekundären Infektionen führen, deren Erscheinungsbilder und Auswirkungen vielfach recht ähnlich sind und oft gleichermaßen als Folgen ein struppiges Fell, Haarausfall, Ekzeme, Schuppung etc. nach sich ziehen.

Zecken

Die Zecke sich sonst nichts gönnt,
außer Blut, das durch die Kehle »rönnt«.

Bei den Zecken, die zusammen mit den prinzipiell gleich gestalteten, aber deutlich kleineren Milben zur Verwandtschaft der Spinnentiere gehören, unterscheidet man nach ihrem äußeren Erscheinungsbild und ihrem Saugverhalten in

Leder- und Schildzecken. Erstere haben eine sehr dehnungsfähige, »schrumpelige« Oberfläche, während die zweite Gruppe durch ein Rückenschildchen (s. Abb. 7, 8, 9) charakterisiert ist. Beiden Gruppen ist gemeinsam, daß ihr Körper im Gegensatz zu den echten Spinnen ungegliedert ist, sie als geschlechtsreife Tiere aber ebenfalls 8 Beine besitzen. Die Entwicklung verläuft bei den Schildzecken über je ein Larven- (6 Beine) und Nymphenstadium (8 Beine) zum geschlechtsreifen Männchen oder Weibchen, während bei den Lederzecken mehrere durch Häutungen wachsende Larven und Nymphen auftreten. Schildzecken saugen in jedem Stadium nur einmal, dies aber für mehrere Tage (Larven und Nymphen: 3–5 Tage; Weibchen: 5–14 Tage), wobei sie das Mehrfache ihres Gewichtes an Blut aufnehmen. Dabei kann z. B. ihr Körpergewicht von 0,005 g auf 0,5 g anwachsen. Adulte Lederzecken und deren Nymphen saugen dagegen nur kurz (1/2 Stunde), dies aber stets nachts und mehrfach in jedem Stadium; ihre Larven saugen allerdings auch 5–10 Tage.

Für die Tageszeit ziehen sich Lederzecken in Schlupfwinkel wie in Mauerritzen, hinter Tapeten bzw. Dielenleisten etc. zurück. Diese Verstecke sind oft relativ weit von den Plätzen ihrer Saugtätigkeit entfernt. So befinden sich die Verstecke häufig auf den Dachböden insbesondere von älteren Häusern, denn Lederzecken bevorzugen Tauben und Vögel als Wirte und werden von diesen auch verschleppt. Aus diesen Tagesverstecken krabbeln sie nachts – meist in größeren Gruppen und relativ schnell – zu ihren Opfern, wobei sie eine Mahlzeit pro Monat einnehmen, aber auch bis 2 Jahre hungern können. Mit Ausnahme der winzigen, max. 1 mm langen Larven werden die Stadien der Lederzecken wegen ihres »verborgenen« Lebenswandels fast nie auf einer Katze oder einem Menschen (z. B. Säugling) beim Saugen angetroffen. Sollte aber eine Katze zahlreiche kleine Stichstellen, Zeichen einer Blutarmut (weiße Augen) oder generelle und sonst unerklärliche Schwächesymptome aufweisen, so müs-

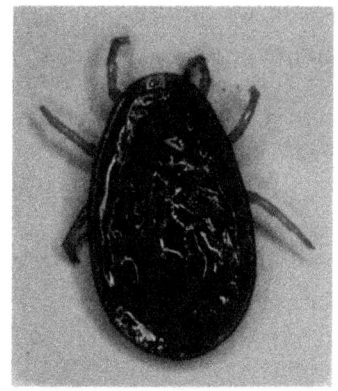
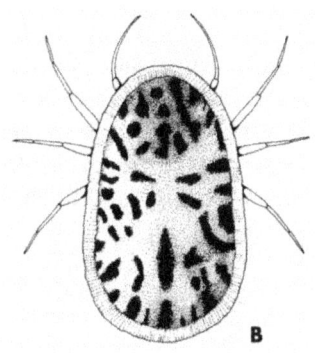
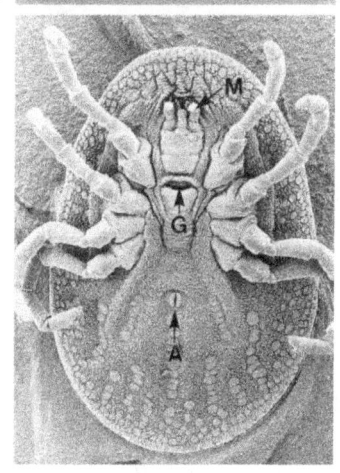

Abb. 7. *Argas* sp., Taubenzecke; Makroskopische (**A**), schematische (**B**) und rasterelektronenmikroskopische (**C**) Darstellung der Larve (**A**) und der Adulten von der Rückseite (**B**) und der Bauchseite (**C**). A = After, G = Geschlechtsöffnung, M = Mundöffnung.

sen das Mauerwerk bzw. Ritzen und mögliche Verstecke in der Nähe der Lagerstätte auf Lederzecken der Gattung *Argas* (z. B. die graue Taubenzecke, die als adulte Weibchen eine Größe von 11 × 7 mm und als Männchen eine Länge von etwa 8 mm erreichen; Abb. 7) abgesucht und entwest werden. Dies ist umso wichtiger, weil einmal eingeschleppte Zecken dieser Art – aber auch bestimmte, blutsaugende Milben (s. S. 89) – sich ansonsten explosionsartig vermehren, dann stets zu Vielen saugen und so der Katze schnell größere Mengen Blut entziehen. Da diese Ektoparasiten nicht wirtsspezifisch sind, werden sie dann auch in die Schlafräume der Menschen vordringen. Für die Bekämpfung von Lederzecken in ihren Schlupfwinkeln können die gleichen Sprüh- und Nebelverfahren – insbesondere mit Pyrethroiden – wie bei der braunen Hundezecke (s. S. 65) verwendet werden.

Ein Befall mit **Schildzecken** wird dagegen stets bei der Kontrolle des Fells bemerkt (s. Abb. 8). In Europa finden sich auf Katzen die Stadien der folgenden Zecken, die angesogen erbsengroß werden können:

- *Ixodes ricinus* (Gemeiner Holzbock, weitaus häufigste Art),
- *Ixodes hexagonus* (Igelzecke, selten bei der Katze),
- *Ixodes canisuga* (Fuchszecke, selten bei der Katze),
- *Dermacentor marginatus* (Schafszecke, selten bei der Katze),
- *Haemaphysalis sp.* (Hundezecke in südlichen Ländern, selten bei der Katze),
- *Rhipicephalus sanguineus* (Braune Hundezecke, in südlichen Ländern; relativ selten bei Katzen, aber einschleppbar in Wohnungen bei der Rückkehr aus dem Urlaub!).

Wegen der Häufigkeit des Auftretens und auch der Bedeutung für den Menschen sollen hier nur der Holzbock *Ixodes ricinus* und die Braune Hundezecke *Rhipicephalus sanguineus* näher betrachtet werden.

Gemeiner Holzbock (*Ixodes ricinus*)

> *Eine Zecke sich traurig fragt*
> *und der Harm im Herzen nagt:*
> *»Warum heißt man mich gemein?*
> *Ich will doch nur ein Holzbock sein,*
> *mich im Wald ergehen*
> *und nach den lieben Mäuslein sehen.*
> *Was kann schließlich ich dafür,*
> *riecht des Menschen Bein nach Ungetier.«*

Geographische Verbreitung. Ganz Europa, verwandte Arten weltweit.

Artmerkmale und Entwicklung. Katze und (!) Halter werden ausschließlich im Freien befallen, wo die Zeckenstadien auf Pflanzen (max. 1 m hoch) in Waldungen mit Unterholz auf ihre Wirte lauern. Diese augenlose Schildzecken-Art verläßt sich dabei ausschließlich auf ihren Geruchssinn, der in Sinnesorganen (sog. Haller'sches Organ) in den Vorderbeinen lokalisiert ist und mit dem sie »Hautdüfte« (Buttersäure, Kohlendioxid etc.) wahrnimmt. Die Zecken, die deutliche Aktivitätsphasen (= Wirtssuche) im Frühjahr und Herbst haben, breiten zur Wirtsfindung ihre Vorderbeine »predigerartig flehentlich« aus (Abb. 8 A) und lassen sich beim Vorbeistreifen auf den Wirt fallen, wobei sie natürlich im Hundefell besser Halt finden als auf einem glatten Menschenbein. Die Männchen (Abb. 8 B, 9) werden 4 mm lang, die ungesogenen, rotbraunen Weibchen (s. Abb. 8 A) erreichen gesogen (= bis zum 200fachen ihres Gewichts!) eine Länge von 1,5 cm und erscheinen dann als grau-grünliche Gebilde im Fell. Die Kopulation (s. Abb. 8 B) der geschlechtsreifen Zecken findet auf den Wirten statt, die Eiablage auf dem Boden. Aus den von jedem Weibchen abgelegten 3000 (!) Eiern schlüpfen sechsbeinige Larven (s. Abb. 9) von 0,5–1 mm Größe, die sich nach einer einzigen

Abb. 8. *Ixodes ricinus*, Holzbock; makroskopische Aufnahmen des ungesogenen Weibchens (**A**) und eines gesogenen Weibchens (**B**), das von zwei Männchen begattet wird.

Blutmahlzeit, bei der das Vorderende in die Haut versenkt wird, auf den Boden fallen lassen und dort zur Nymphe häuten. Diese befällt wieder einen Wirt, saugt Blut, fällt ab und häutet sich zum Männchen oder Weibchen (s. Abb. 9). Beide müssen wieder einen Wirt finden und sind dabei nicht sehr wählerisch, was das Wirtsspektrum betrifft. Diese gesamte Entwicklungsdauer ist extrem temperaturabhängig und kann in Deutschland innerhalb von 2–3 Jahren durchlaufen werden, aber auch bereits nach 6 Monaten (in feuchtwarmen Gegenden) vollzogen sein. Alle Entwicklungsstadien saugen jeweils nur einmal: die Larven für 4–5 Tage, die Nymphen (sie sitzen oft auch an Vögeln, was zur Verbreitung beiträgt) für 3–5 Tage, die Weibchen – wenn ungestört – sogar für 5–14 Tagen, wobei sie bis 0,5 g Blut aufnehmen. Die einzelnen Stadien, die mit zunehmender Größe an immer größeren Tieren (z. B. Maus – Hase – Reh) saugen, kommen mit dieser Mahlzeit aber dann für Monate (z. T. sogar für Jahre!) aus, so daß sie, ohne einen Wirt zu finden, einen Erreger bzw. Parasiten (s. S. 175) lange »verstecken« können.

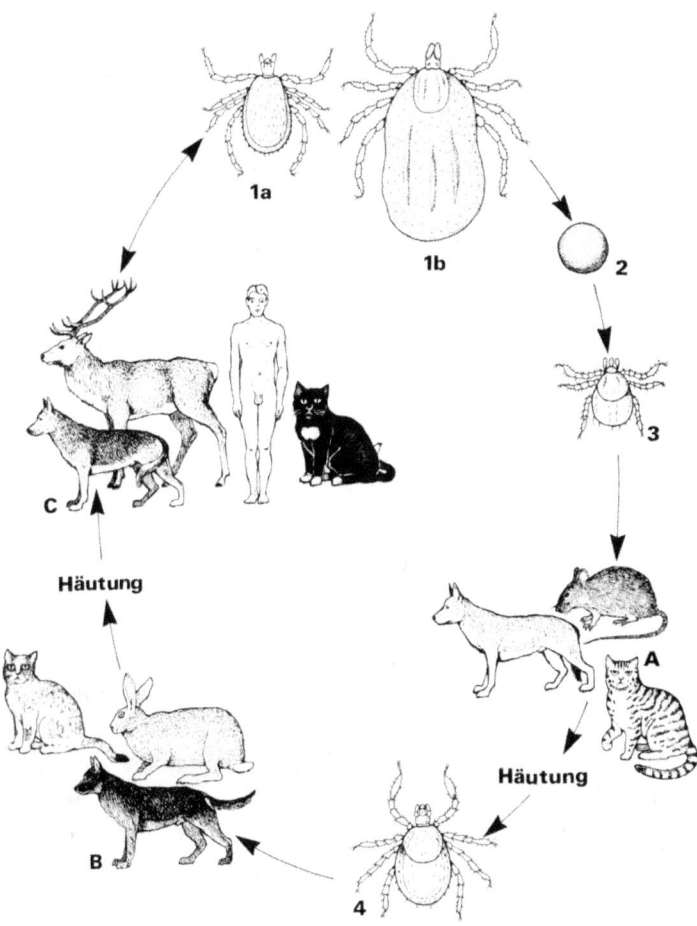

Abb. 9. Schematische Darstellung des Lebenszyklus des Holzbocks *(Ixodes ricinus)*, eine dreiwirtige Zecke. *1.* Die adulten Zecken (Männchen = *1a*, Weibchen = *1b*) saugen auf größeren Tieren und bei Menschen (Wirte **C**). Nach dem Saugakt fallen die Weibchen auf den Boden. *2., 3.* Aus abgelegten, eingegrabenen Eiern schlüpfen sechsbeinige Larven (im Frühjahr) und befallen kleine Tiere (**A**), evtl. auch Vögel und den Menschen. Nach dem Saugakt von 4–5 Tagen fallen sie von den Wirten (**B**) ab und häuten sich auf dem Boden zur Nymphe (*4*). *4.* Nymphen befallen größere Tiere (evtl. auch Vögel und den Menschen) und häuten sich nach dem Abfall auf dem Boden zu Adulten (*1*). Diese befallen bei entsprechenden Außentemperaturen neue Wirte (**C**).

Befallsmodus und übertragene Erreger. Die Zecken suchen ihre Wirte mit Hilfe ihres Geruchssinns (s. S. 59) auf und übertragen beim Stich nach Erkenntnissen der letzten Jahre europaweit das Bakterium *Borrelia burgdorferi*. Dieser erst 1981 entdeckte Erreger wird mit dem Speichel injiziert, der das Blut mit Hilfe eines Gerinnungshemmers flüssig hält. In den weiblichen Zecken kann dieses Bakterium, das sich besonders gut in Nagetieren entwickelt (= Reservoir), auch auf die Zeckeneier übertreten, so daß dann auch die Nachkommenschaft infiziert ist. Die in den Holzböcken entsprechender Gebiete vorkommenden FSME-Viren (Erreger der menschlichen Frühsommer-Meningoencephalitis) werden zwar beim Stich auch auf die Katze übertragen, können sich dort aber nicht weiterentwickeln bzw. führen nicht zu Krankheitssymptomen.

Anzeichen der Erkrankung

a) **Lokale Hautreaktionen** und Schwellungen treten an den jeweiligen Stichstellen auf. Dabei saugen *Ixodes*-Larven und deren Nymphen besonders häufig an den Ohrrändern, an den Ohrmuscheln, an den Augenlidern, in der Nähe des Mundes wie auch an den Häuten zwischen den Krallen, während adulte Holzböcke vor allem auf dem Kopf und in den Bereichen des Halses, des Nackens und der Vorderbrust anzutreffen sind.

b) **Lähmungen.** Dieses Symptom tritt bei Katzen zwar sehr selten auf, wird aber evtl. durch einzelne oder zahlreiche Stiche in Nähe der Wirbelsäule hervorgerufen. Derartige Bewegungsstörungen gehen auf das im Speichel enthaltene Toxin zurück, das zur lokalen Betäubung dient und den Stich schmerzfrei macht.

c) **Krankheitsbild der Borreliose.** Bei Katzen führt eine Infektion (s. o.) mit dem Bakterium *Borrelia burgdorferi* wie beim Menschen evtl. zu schwerster Krankheit. Diese beginnt mit einer oft unbemerkt bleibenden Hautphase, führt über eine zweite Phase mit gichtartigen Gelenksveränderungen und Lähmungserscheinungen zu einer dritten Phase, in der es dann – wegen Befalls der Nerven- und Muskelzellen – häufig zu Herz- und Hirnschäden mit Todesfolge kommen kann.

Infektionsgefahr für den Menschen. Da ein direkter Übergang der Zecken von der Katze auf den Menschen nicht erfolgt und sich die *Ixodes*-Zecken auch nicht in der Wohnung vermehren, stellt eine Borrelien-Katze keine direkte Gefahr für den Menschen dar. Halten sich allerdings zahlreiche Zecken (bis zu 40 % sind Borrelien-Träger in vielen Gebieten Deutschlands) etwa im Garten auf, könnten sich diese an der Katze infizieren und dann die Erreger beim nächsten Saugakt auch an Familienmitglieder weitergeben. Eine Behandlung der Katze (s. u.) minimiert somit auch das Infektionsrisiko für den Menschen, da ein potentielles Reservoir ausfällt.

Diagnosemöglichkeiten. Zeckenstadien können mit bloßem Auge beim Durchstreifen des Fells als kleine, grünbräunliche Kügelchen beobachtet werden. Eine *Borrelia*-Infektion bei Katze und Mensch ist durch Einsatz von serologischen Tests, die von Tier- bzw. Humanmedizinern bei Verdacht und oben beschriebenen Symptomen eingeleitet werden müssen, nachzuweisen; diese Tests bleiben zur Zeit allerdings noch mit vielen Problemen der Interpretation behaftet.

Vorbeugung
a) Katzen mit Freilauf in Unterholz, das häufig von Mäusen aufgesucht wird (z. B. Waldränder) sollten ein Zeckenhalsband (z. B. Faszin®, Felinovel®, Kadox®, Bolfo®, Kiltix®) tragen oder mit einer Waschlösung bzw. Ungeziefermitteln (Ectodex®, Parasitex/EFA®, Mitaban®, Bolfo®, Vet-Kem®, Tiguvon® 10) geschützt werden. Vorsicht: Manche Halsbänder können nicht

verwendet werden, wenn Kleinkinder mit der Katze schmusen. Die Packungsbeilagen müssen unbedingt beachtet werden. Andererseits vermindert Naßwerden (z. B. beim Durchstreifen von Gräsern mit Morgentau) die Wirksamkeit der Halsbänder.
b) Regelmäßige Betrachtung bzw. Bürsten des Fells von Katzen – insbesondere wenn diese Kontakte mit Kindern haben.

Behandlungsmaßnahmen

a) **Zeckenentfernung.** Galt früher das »sanfte Entfernen« der Zecken aus der Haut durch Betäubung mit Äther, Öl, Nagellackentferner etc. als Mittel der Wahl, so weiß man heute, daß dabei die Zecken erschlaffen und ihre Erreger in die Stichstelle entlassen. Daher ist heute die schnelle, kompromißlose Entfernung angeraten. Dazu faßt man mit einer spitzen Pinzette oder mit einer speziellen Zeckenzange (z. B. Fa. LupiCat) die Zecke von unten an den Mundwerkzeugen (ohne den Leib zu rücken!), und durch »Hin- und Herrucklen« wird die Zecke herausgehebelt. Bleiben Stücke der Mundwerkzeuge in der Haut, wird die Stelle desinfiziert und nach einiger Zeit kann das Stück mit einer desinfizierten, spitzen Pinzette entfernt werden (Abb. 10).

b) **Chemotherapie.** Hat der Tierarzt serologisch eine Borreliose festgestellt, so ist eine Behandlung mit Antibiotika bei der Katze (wie auch beim Menschen) um so erfolgreicher je eher diese erfolgt! Nach Aufenthalt in stark zeckenverseuchten Wäldern sollten bei Katze und Halter Blutproben genommen und untersucht werden.

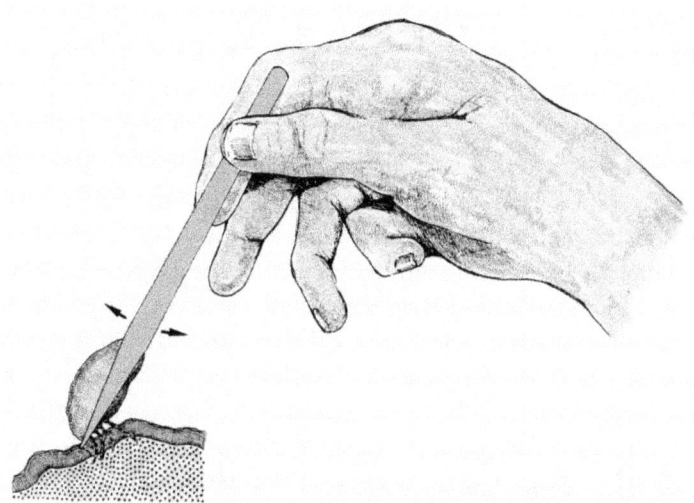

Abb. 10. Schematische Darstellung der Entfernung einer Zecke aus dem Katzenfell bzw. aus der Menschenhaut. Mit der Spitze der Pinzette werden unter der Zecke hindurch die in der Haut steckenden Mundwerkzeuge gefaßt. Durch Hin- und Herbewegungen in *Pfeilrichtungen* kann die Zecke aus der Haut herausgehebelt werden.

Braune Zecke (*Rhipicephalus sanguineus*)

> *Im Katzenfell ein blonder Zeckerich*
> *zur roten Geliebten schlich.*
> *Doch weil er tändelnd sich verspätete,*
> *begattet ein anderer die Angebetete.*
> *Merke, wer nicht kommt zur rechten Zeit,*
> *der muß sehen, wo er bleibt.*

Geographische Verbreitung. Südliches Europa, kann in Deutschland von Katzen und Hunden in Wohnungen eingeschleppt werden und sich dort stark ausbreiten.

Artmerkmale und Entwicklung. Die Schildzecke *R. sanguineus*, die wegen des vorwiegenden Befalls von Hunden und wegen der bräunlichen Färbung der Adulten auch als »Braune Hundezecke« bezeichnet wird, findet sich nur selten auf Katzen. Sind aber keine anderen Wirte – etwa in verlassenen Wohnungen oder in Ferienhäusern bei Neubezug nach einem Jahr – vorhanden, kann es sogar zum Massenbefall bei Katzen und Menschen (!) kommen. Die Entwicklungsstadien dieser Zeckenart (Larven, Nymphen, Adulte) besitzen seitliche Augen, werden als Männchen 3 mm lang, während sie als vollgesogenes Weibchen bis 1,2 cm Größe (Abb. 11, 12) erreichen. Wie der Holzbock ist auch diese Braune Hundezecke dreiwirtig, d. h. die Larven, Nymphen wie auch die geschlechtsreifen Tiere verlassen nach dem etwa 5 Tage dauernden Saugakt den Wirt (Hund, Katze und seltener auch Mensch), um sich am Boden (z. B. im Tierlager) zu häuten. Da in warmen Behausungen bzw. Zwingern die gesamte Entwicklung bereits in 65 Tagen durchlaufen werden kann, ist eine explosionsartige Überbevölkerung von Wohnungen und Ausbreitung im

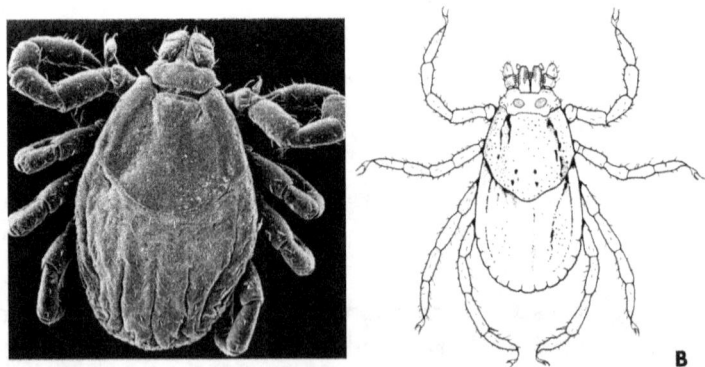

Abb. 11. *Rhipicephalus sanguineus*; Braune Hundezecke. **A.** Rasterelektronenmikroskopische Aufnahme der Rückseite eines Weibchens. **B.** Schematische Darstellung eines ungesogenen Weibchens.

 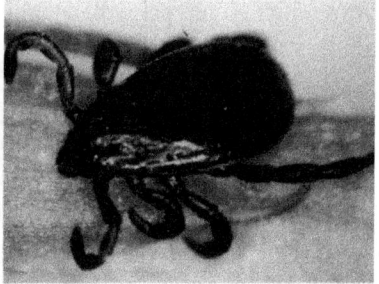

Abb. 12. *Rhipicephalus sanguineus*; Makroaufnahme. **A.** Larven aus einer Dielenritze, oberes Tier zeigt die Bauchseite. **B.** Männchen von der Rückenseite.

Hause auf andere Wohnungen möglich. Bei niedrigen Temperaturen oder Mangel an Wirten – sie harren in leeren Wohnungen auf die neuen Mieter (!) – kann sich der Entwicklungszyklus auf zwei Jahre verlängern. Da die vollgesogenen, trächtigen Weibchen noch »gut zu Fuß« sind, ist eine Ausbreitung auf Nachbarwohnungen möglich!

Befallsmodus und übertragene Erreger. Die verschiedenen Entwicklungsstadien von *R. sanguineus* finden ihre Wirte vorwiegend durch ihren Geruchsinn, werden aber dabei durch die beiden seitlichen Linsenaugen unterstützt. Während des Zeckenstichs bzw. durch orale Aufnahme der Zecken seitens der Katze (beim Abknabbern aus dem Fell) kommt es in Gebieten Südeuropas (im Urlaub) bzw. bei importierten Katzen zur Übertragung bzw. zum Auftreten von Parasiten (Babesien, Hepatozoen, s. S. 175) und bakteriellen bzw. verwandten rickettsialen Erregern (Haemobartonellen), die auf den roten Blutkörperchen liegen (s. Abb. 67 A). Diese finden sich **weltweit** bei Katzen, aber auch in nennenswerter Anzahl in **Europa**, wobei allerdings Krankheitssymptome nur bei anderweitig erkrankten bzw. geschwächten Katzen auftreten (s. S. 175). Die Erkrankung kann aber durchaus einen schnellen (akuten) Verlauf nehmen und dann zum Tode führen.

Anzeichen der Erkrankung. Die Babesiose und Hepatozoonose werden auf den Seiten 175 ff. dargestellt. Die Haemobartonellose führt zu Blutarmut (Anämie) und/oder zu Apathie u. ä., dies allerdings meist erst in Streßsituationen (z. B. bei längeren Transporten in Kisten oder nach Schwächung durch andere Krankheitserreger).

Infektionsgefahr für den Menschen. Nicht vorhanden, da keiner der Erreger sich beim Menschen entwickelt.

Diagnosemöglichkeiten. Äußere, länger andauernde Symptome wie Apathie etc. erfordern die Untersuchung durch den Tierarzt. Im Knochenmarkpunktat bzw. Blutausstrich lassen sich die Erreger ebenso nachweisen wie auch durch serologische Verfahren.

Vorbeugung: Vergl. *Ixodes ricinus*, (s. S. 63)

Behandlungsmaßnahmen
a) Entfernung großer Zeckenstadien (s. S. 65, s. Abb. 10).
b) Entfernung zahlreicher kleiner Stadien. Dies kann durch äußerliches Aufbringen von Kontaktinsektiziden u. a. der Pyrethroid-Gruppe (s. S. 63) erfolgen oder bei leider z. Zt. noch geringerer Wirkung durch orale Gabe von Cythioat = Cyflee® bzw.

Entwesung von Wohnungen. Zeckenverseuchte Wohnungen müssen unbedingt mit akarizidhaltigen Kaltnebeln (Dichlorvos = u. a. Zidil®; Permethrin und Pyrethrum = u. a. Ko®-Sprühmittel) behandelt werden, da es sonst zu Massenbefall von Hausbewohnern in deren Wohnungen kommt. Ritzen müssen besonders ausgesprüht werden, da sie den Zecken Schutz vor den Wirkstoffen bieten.

Verfahren **unbedingt** nach Angaben der Hersteller durchführen! Dabei sind die jeweiligen Entlüftungszeiten sorgfältig einzuhalten und jegliche Lebensmittel zu entfernen.

Milben

> *Manchen Milben geht es gut,*
> *trinken sie der Wirte Blut;*
> *andere dagegen und statt dessen,*
> *müssen sich im Schuppenfressen messen.*

Milben sind unmittelbare Verwandte der Zecken, was ihre Gestalt und Entwicklung betrifft; sie werden aber nur wenige mm groß, und nur wenige Arten saugen Blut. Der Name Milbe rührt vom »Zernagen von Stoffen zu mehligen Resten« her und trifft in dieser Form sicher einen großen Teil jener Arten, die als sog. **Staub-** oder **Vorratsmilben** kleine Speisereste bzw. organisches Material (Detritus) in anorganische Komponenten zerlegen. Daneben gibt es ebenso vielgestaltige parasitäre Gruppen, deren Arten und Anzahl zwar relativ gering bleibt, die aber in großer Individuendichte auftreten und enorme Schäden bewirken bzw. schwere Erkrankungen induzieren können. So gibt es **Nagemilben**, die von den Hautschuppen ihrer Wirte leben, **Grabemilben**, die Gänge in der Haut von Mensch und Tier anlegen (= minieren), und **Saugmilben**, die mit stilettartigen Mundwerkzeugen Blut oder Lymphflüssigkeit aus der Haut von Mensch und Tier aufnehmen. Da viele Milbenarten nicht sehr wirtsspezifisch sind, können sie bei engem Kontakt z. B. von der Katze auf den Menschen übertreten und bei beiden ähnliche Krankheitssymptome bewirken. Selbst die freilebenden Staubmilben können zu Erkrankungen führen, wenn Menschen sensibilisiert auf das Einatmen von Kot oder Körperpartikeln dieser Tiere allergisch reagieren.

Diese sog. Hausstauballergien gehen insbesondere auf Milben der Gatt. *Dermatophagoides* (s. Abb. 1 D) zurück, die sich evtl. millionenfach in menschlichen Behausungen und damit auch in den Lagerstätten der Haustiere aufhalten. Als Krankheitssymptome derartiger Allergien treten Ekzeme und schwerste Atembeschwerden bis hin zu lebensbedrohlichen Asthma-Anfällen auf.

Haarbalgmilbe (*Demodex cati*)

> *Was hat 'nen langen Schwanz und Stummelbein?*
> *Es muß wohl die Milb' im Haarbalg sein!*

Geographische Verbreitung. Weltweit, besonders gehäuft in den USA, selten in Europa.

Artmerkmale und Entwicklung. Bei der Katze sind drei *Demodex*-Arten beschrieben: *D. cati* (syn. *felis*) ist die bekannteste Art. Diese 0,2 mm langen Grabemilben (Abb. 13) sind durch einen geringelten, walzenförmigen Hinterkörper und durch Stummelbeine im Brustbereich gekennzeichnet. Die gesamte Entwicklung findet in den Haarbälgen bzw. in den Talgdrüsen statt, wobei die Milben Talg und/oder Material der Haarwurzeln fressen. Bevorzugte Stellen sind vor allem die Bereiche der Augenlider, die Zonen um die Augen und die Nase, der vordere Rand der Ohrmuschel und der äußere Gehörgang, sie finden sich aber auch in anderen Körperregionen. Zum Teil treten sie in sehr großer Anzahl (mehrere tausend pro cm^2 Haut) auf, klinische Symptome (s. u.) finden sich aber meist nur bei Tieren mit einer anderen Krankheit und/oder bei Immunsuppression.

Der gesamte Entwicklungszyklus dauert bei den Stadien von *D. cati* 18–24 Tage. Aus den spindelförmigen, etwa 0,07 mm langen Eiern schlüpft eine sechsbeinige Larve,

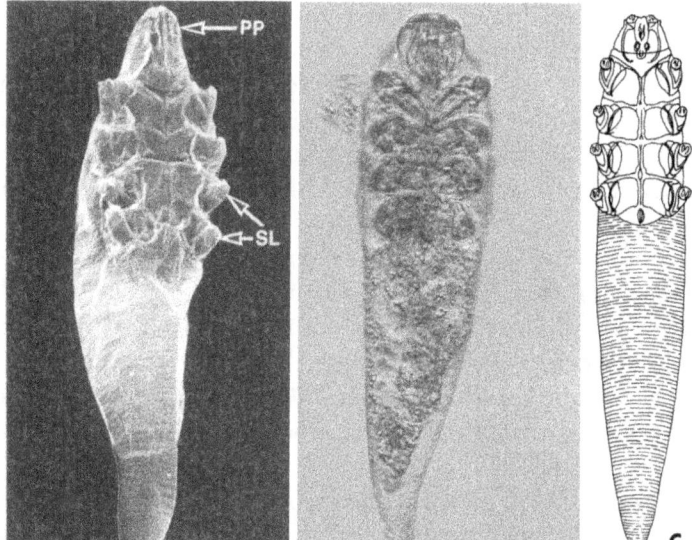

Abb. 13. Haarbalgmilben (Gattung *Demodex*) in rasterelektronenmikroskopischer (**A**), lichtmikroskopischer (**B**) und schematischer (**C**) Darstellung. PP = Pedipalpen (Teile der Mundwerkzeuge), SL = Stummelbeine.

über Häutungen entstehen zwei Nymphenstadien (Proto-, Deutonymphe), von denen erstere noch sechs Beine besitzt, letztere dagegen aber bereits wie die adulten (geschlechtsreifen) Männchen bzw. Weibchen acht Beine aufweist. Die Kopulation der Adulten erfolgt auf der Körperoberfläche. Die Männchen sterben 3–7 Tage danach, während die begatteten Weibchen in die oberen Haarschäfte hineinkriechen, dort die sog. Haarscheiden anknabbern und mit der Eiablage beginnen. Nur während der sehr kurzen freien Phase ist eine Übertragung von Wirt zu Wirt (meist von der Mutter auf den Nachwuchs, aber auch auf immunsuppressive Tiere) möglich.

Befallsmodus und übertragene Erreger. Im Regelfall werden nur Jungtiere während der ersten drei Lebensmonate befallen und bleiben dann zeitlebens latent ohne nennenswerte Symptomatik (= Milbenträger). Die weiblichen Milben treten offenbar nach der Kopulation und Begattung vom Fell der Katzenmutter (z. B. beim Milchsaugen) auf das der Jungtiere über. Dabei muß eine Mindesttemperatur dauernd vorhanden sein. Das ausgetestete Spektrum von 16–41 °C dürfte aber in allen Katzenkörben bzw. in entsprechend von der Katze angelegten »Kinderstuben« gegeben sein. Immungeschwächte Tiere können zusätzlich offenbar auch noch in höherem Alter »Milbenzustrom« erhalten, der die Anzahlen bereits vorhandener Stadien erhöht. Obwohl bei Befall mit *D. cati* zusätzliche (sekundäre) Bakterieninfektionen (u. a. Gatt. *Staphylococcus, Pseudomonas, Proteus*) häufig auftreten und auch behandelt werden müssen, überträgt die Milbe beim Übertritt von der Katzenmutter zum Nachwuchs keine Erreger von Krankheiten.

Anzeichen der Erkrankung (Demodikose, Demodex-Räude). Die von diesen Milben ausgelöste Erkrankung heißt **Räude** und ist offenbar abhängig von der Stärke des Immunsystems der Tiere. Prinzipiell können zwei Hauptformen der *Demodex*-Räude unterschieden werden, die stets mit dem **Leitsymptom** »starker Juckreiz« beginnen.

a) **Lokalisierte, squamöse (= schuppige) Form.** Diese tritt im 3. bis 6. Lebensmonat auf und ist durch scharf begrenzte, schuppig-rötliche Herde in Augennähe, an den Lippen oder an den Vorderbeinen charakterisiert. Bei 80 % der befallenen Tiere tritt Selbstheilung ein, der Rest entwickelt – trotz Behandlung (!) – die zweite Verlaufsform der *Demodex*-Räude.

b) **Generalisierte Form.** Hierbei sind große Teile der Körperoberfläche ausgehend von einzelnen Herden befallen. Sie beginnt mit Seborrhoe, Pyodermie, Pruritus (= Haarüberfettung, Eiterausschläge, starker Juckreiz) und führt bei größeren sekundären Bakterieninfektionen zu tiefen Schrunden (= Rissen in der Haut), Geschwüren, Abszessen und großflächigen Entzündungen mit Haarausfall. Letztere bewirken einen typischen **ranzigen** Geruch des Fells. Generelle **Leitsymptome** sind stärker werdender Haarausfall (s. Abb. 15 B) und Hautausschläge (Ekzeme). Diese zweite Form der Demodikose verläuft in vielen Fällen (5–10 %) trotz Behandlung tödlich, da es zu Sepsis (Blutvergiftung) kommt. Allerdings kann bei 50 % der Katzen auch eine spontane Heilung erfolgen.

Infektionsgefahr für den Menschen. Bei dieser Milbenart scheint keine Übertragung möglich, allerdings liegen noch keine Berichte über Kontakte mit immungeschwächten Personen vor.

Diagnosemöglichkeiten. Erste Anzeichen sind Juckreiz, Schuppen und Entzündungen der Haut. Die Milben selbst können nur im Hautgeschabsel nachgewiesen werden, wobei diese Stückchen in 10 % Kalilauge eingelegt und danach auf Milbenstadien hin mikroskopisch untersucht werden müssen.

Vorbeugung. Tiere mit generalisierter *Demodex*-Räude sowie weibliche Tiere, deren Junge sich als infiziert erwiesen haben, müssen von der Zucht ausgeschlossen werden. Bei Etablierung einer Zucht kann Milbenfreiheit dann erreicht werden, wenn die ersten Tiere durch Kaiserschnitt auf die Welt gebracht und sie danach ohne Kontakt zur Mutter bis zum 4. Lebensmonat aufgezogen werden. Einen anderen Weg der Vorbeugung bietet die Stärkung des Immunsystems durch eiweiß- und vitaminreiche Nahrung bei gleichzeitiger Ausschaltung von Parasiten bzw. anderen Erregern und durch die generelle Vermeidung von Streßsituationen.

Behandlungsmaßnahmen. Die Heilung schwerer, über große Teile des Körpers ausgebreiteter Demodikosen ist nach wie vor schwierig und gelingt leider häufig nicht oder nur teilweise. Eine derartige Behandlung muß unbedingt unter Aufsicht des Tierarztes erfolgen, da medikamentbedingt Organschäden auftreten können und auch stets die bakteriellen Sekundärinfektionen mit behandelt werden müssen. Auf Cortison (bei Verdacht auf Pilzbefall) ist unbedingt zu verzichten, da diese Medikamentengruppe immunsuppressiv wirkt und die Ausbreitung der Milben nur fördern würde. Zur Anwendung auf der Haut gibt es heute Waschlotionen (Mitaban®, Taktic®, Ectodex®, Derrivetrat®), die 1–2 mal wöchentlich mit einem kleinen, nicht zu harten Schwamm für Wochen oder gar Monate (dann 1 × alle zwei Wochen) aufgetragen werden müssen. Die Substanz sollte man nach dem Auftragen einziehen lassen, so daß ein intensiver Kontakt des Mittels mit der betroffenen Hautstelle hergestellt wird. Bei sachgemäßer Anwendung hilft auch in vielen Fällen das oral anzuwendende Präparat Cyflee® (Boehringer Ingelheim), das als Wirkstoff Cythioat enthält. So sollten Katzen 1/4 Tablette pro 5 kg Körpergewicht zweimal wöchentlich für eine ausreichende Wochenanzahl erhalten. Eine medikamentöse Behandlung mit Ivomec® (s. *Notoedres*, S. 78) müßte auch hier Erfolg bringen. Neben den medizinischen Therapien sollte begleitend das Immunsystem durch Gabe von Aufbaumitteln, Vitaminen etc. gestärkt werden.

Hautmilben (*Notoedres cati*)

*Dem Kater Maxe es nicht behagt,
wenn die Milb am Ohre nagt.*

Geographische Verbreitung. Weltweit, aber relativ selten.

Artmerkmale und Entwicklung. Die adulten Weibchen von *N. cati* werden etwa 0,3 × 0,25 mm groß (Abb. 14). Sie paaren sich im Fell der Katze mit den 0,18 × 0,14 mm großen Männchen, graben sich dann in die Haut ein und ernähren sich von der Gewebsflüssigkeit, die in die Gänge eindringt. Aus den abgesetzten Eiern schlüpft eine sechsbeinige Larve, die sich über zwei achtbeinige Nymphenstadien binnen 21 Tagen zum geschlechtsreifen Adultus entwickelt. Von oben betrachtet, überragen bei den Geschlechtstieren die beiden hinteren Beinpaare nicht den seitlichen Körperrand. Die beiden vorderen Beinpaare (s. Abb. 14) sind zudem stets mit mittellangen Haftstielchen versehen, die beim Männchen auch am 4. Beinpaar auftreten. Da alle Entwicklungsstadien (Larve, Nymphe, Adultus) zumindest zeitweilig die Hauptbohrgänge verlassen, können sie auch auf Decken, Bürsten, Kämme, Körbchen etc.

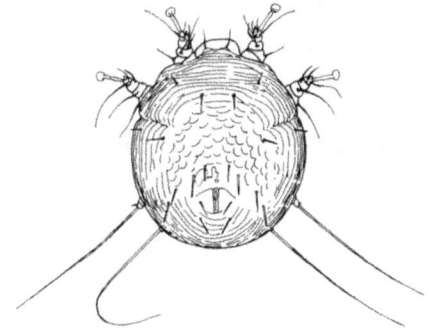

Abb. 14. *Notoedres cati*; Schematische Darstellung einer adulten weiblichen Milbe von der Rückenseite, auf deren Hinterrand der schlitzförmige After liegt.

gelangen und von dort auf andere Katzen. Niedrige Außentemperaturen machen ihnen allerdings zu schaffen, so daß sie ohne Wirt nur wenige Tage überleben. Zwar finden sich Milben auf der gesamten Haut, bevorzugte Bereiche sind jedoch der Kopf (insbesondere das Gesicht und die Ohren), wo die Krankheitssymptome (Krusten, Schuppen etc.) in der Regel zuerst an den Ohrrändern in Erscheinung treten.

Befallsmodus und übertragene Erreger. Milben treten bei Kontakt mit anderen (streunenden) Katzen über oder gelangen von kontaminierten Geräten (Kämme etc.) auf die Haut des neuen Wirts. Eine direkte Übertragung von Erregern durch die Milben erfolgt nicht.

Anzeichen der Erkrankung (Kopfräude, Notoedres-Räude). Krankheitssymptome können bei Katzen aller Altersstufen auftreten. So beginnt diese Räudeform bereits etwa 1–2 Wochen nach der Infektion (= Inkubationszeit) mit starkem Juckreiz meist am Ohrrand und geht evtl. relativ schnell (in 3–6 Wochen) auf den gesamten Körper über. Zunächst finden sich Pusteln und Knötchen, die nach Haarausfall durch graue, rissige Krusten (Abb. 15) ersetzt werden und zu dicken Falten bzw. Borken auswachsen können, aus denen bei Kratzen blutig-eitriges Sekret ausfließt (Abb. 16). Bakterielle Sekundärinfektionen können zur Blutvergiftung (Sepsis) und ohne Behandlung nachfolgend zum Tode führen. Andere Erkrankungen, Immundefekte oder Mangelernährung können die Erkrankung deutlich verschlimmern.

Infektionsgefahr für den Menschen. Ja! Diese Milben können auch auf den Menschen übertreten und sich in dessen Haut einbohren. Kinder – insbesondere Kleinkinder – sind daher besonders gefährdet. Somit handelt es sich bei der Kopfräude um eine **Zoonose**.

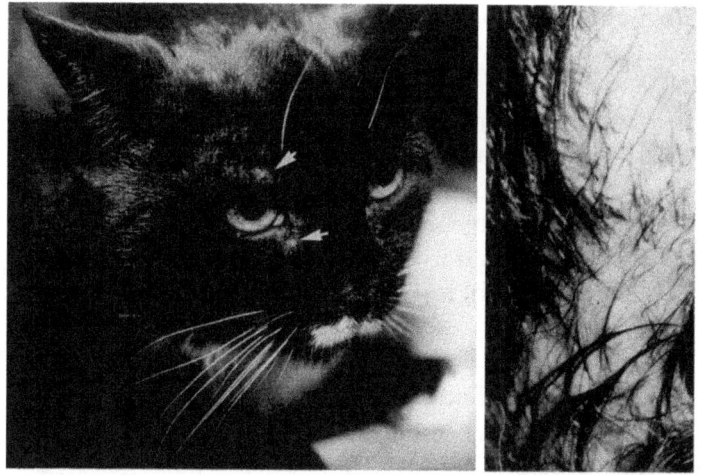

Abb. 15. Lokale Stellen mit Milbenbefall (**A**, *Pfeile*) und enthaarte Stellen mit verklebten Haaren im Randbereich (**B**).

Abb. 16. Schematische Darstellung einer Räude der Katze, die an den Ohrrändern beginnt und die Nase erreicht hat (nach Kraft 1910, verändert).

Diagnosemöglichkeiten. Mikroskopischer Nachweis der Milben im Hautgeschabsel (s. S. 73), wobei stets relativ tief geschabt werden muß (bis Blut kommt). Da Hautpilze, Raubmilben, Haarlinge etc. unter Umständen zu ähnlichen Krankheitsbildern führen, muß unbedingt ein Erregernachweis geführt werden.

Vorbeugung. Bei der eigenen Katze sollte regelmäßig das Fell kontrolliert werden; streunende Katzen sollten nicht ohne weitere Untersuchung zu Hause aufgenommen werden und so in Kontakt mit der eigenen Katze kommen. Im Urlaub ist der Kontakt zu streunenden Katzen – insbesondere durch Kinder – zu meiden. Körbchen und andere Utensilien sind regelmäßig zu desinfizieren; Kämme etc. sollten immer nur für ein Tier verwendet bzw. nach Gebrauch mit Alkohol bzw. Desinfektionsmittel gereinigt werden.

Behandlungsmaßnahmen. Bevor eine lokale Behandlung erfolgen kann, müssen die Krusten und Borken mit medizinischer Seifenlösung (z. B. Triplexan®) aufgeweicht und entfernt werden. Als Waschlösungen zur Bekämpfung der *Notoedres*-Milben werden bei der Katze Lösungen mit pflanzlichen Wirkstoffen (Pyrethrum, Rotenon) empfohlen, die einmal wöchentlich, für 2–3 Wochen hintereinander, stets auf dem ganzen Körper aufgebracht werden sollten, weil die Milben sich überall hin verteilen (Halskrausen verhindern das Ablecken der Behandlungslotionen). Bei Tieren unter 3 Monaten und bei Edelkatzen ist die Ganzkörperbehandlung vorsichtig vorzunehmen, weil Unverträglichkeiten auftreten können. Das gleiche gilt für die äußere bzw. innere Behandlung mit Amitraz-haltigen Präparaten (s. S. 74). Insbesondere bei schweren Fällen der Kopfräude erwies sich das Präparat Ivomec® bei einer einmaligen Injektion von 0,3 mg/kg Körpergewicht als erfolgreich. Die Wirkung steigt nach einer Wiederholung der Behandlung nach 7–14 Tagen auf 100 %, und somit stellt Ivomec® das Mittel der Wahl dar. Insbesondere in Familien mit Kleinkindern sorgt die schnelle Vernichtung der Milben für eine drastische Reduktion des Gefährdungspotentials für den Menschen.
Wie unter dem Abschnitt »Vorbeugung« bereits ausgeführt, müssen die medikamentösen Behandlungsmaßnahmen durch die Desinfektion der Lagerstätten und der für

die Katzenpflege benutzten Utensilien mit Akariziden (s. S. 68) begleitet werden, da sonst Neuinfektionen von dort aus erfolgen.

Hautmilben (*Sarcoptes sp.*)

> *Unser's Nachbarn Katze,*
> *Räude hat'se,*
> *Kinder kriegt'se,*
> *fast'ne Tonne wiegt'se,*
> *doch er liebt'se.*

Geographische Verbreitung. Weltweit, jedoch sehr selten.

Artmerkmale und Entwicklung. Diese nicht näher bestimmte Art unterscheidet sich bei etwa gleicher Größe äußerlich von *Notoedres cati*-Stadien durch den bauchseitig gelegenen After und mehr als doppel so lange Haftstielchen an den beiden Vorderbeinpaaren (Abb. 17, Abb. 19 B). Ihre Entwicklung in Hautgängen gleicht prinzipiell den Verhältnissen bei *Notoedres*, verläuft aber unter günstigen Bedingungen deutlich schneller, so daß die Generationen in 10–14 Tage aufeinanderfolgen, was – ausgehend vom Kopf – zur schnellen Besiedlung der gesamten Körperoberfläche führen kann.

Befallsmodus. Die Katzen werden beim Körperkontakt mit infizierten, streunenden Katzen von den in deren Fell freilaufenden, begatteten Weibchen »besiedelt«. Der Übertritt eines derartigen Weibchens reicht dabei im Prinzip völlig – weil dieses ja männliche und weibliche Nachkommenschaft produziert – zum vollständigen Befall eines Tieres. Die Ausbreitung auf einer Katze wird durch deren Schwä-

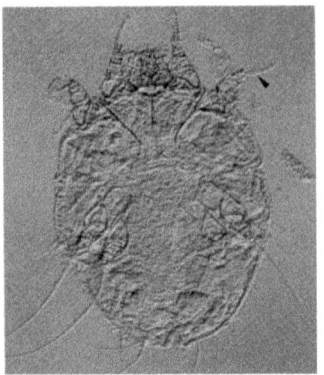 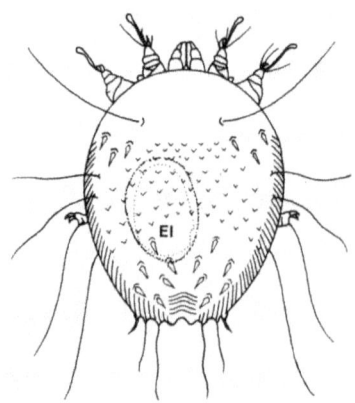

Abb. 17. Weibliche *Sarcoptes*-Milben in mikroskopischer (**A**) und schematischer (**B**) Darstellung von der Rückenseite. Charakteristisch sind die langen Stielchen an den Vorderbeinen. Ei = durchscheinendes Ei.

chung infolge Erkrankung, Abwehrschwäche und/oder Mangelernährung begünstigt.

Anzeichen der Erkrankung (*Sarcoptes*-Räude). Prinzipiell treten die gleichen Symptome wie bei *N. cati*-Befall auf. Auch hier kann es zu einer Generalisierung (Ausbreitung auf dem ganzen Körper inklusive des Schwanzbereichs kommen).

Infektionsgefahr für den Menschen. Ja! Auch hier bestehen Übertragungsmöglichkeiten (insbesondere bei Kleinkindern), so daß diese Räude als **Zoonose** einzustufen ist (Abb. 18).

Diagnosemöglichkeiten. S. *Notoedres cati*, S. 77.

Vorbeugung. Unterbindung des Kontakts zu streunenden Katzen; weiteres s. *N. cati*.

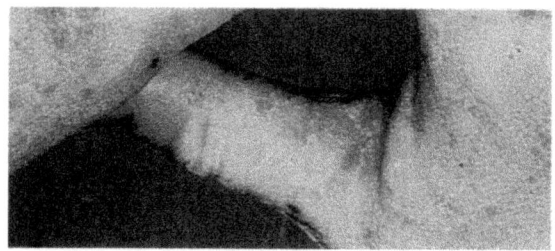

Abb. 18. Menschliche Haut mit Milbenbefall (Krätze). Die befallenen Bereiche sind durch Bakterien sekundär entzündet.

Behandlungsmaßnahmen

a) Generelles Scheren befallener Stellen, um ausreichenden Kontakt der Haut mit den Mitteln zu schaffen.
b) Entfernen der Krusten mit alkalifreien Waschlotionen (z. B. Satina®, Wasa®, Sebopona-Vet-Flüssig®).
c) Anlegen der Halskrausen, um das Lecken der behandelten Stellen zu verhindern.
d) Einsatz von Kontaktinsektiziden im Bade- bzw. Sprühverfahren. Wichtig ist stets eine Ganztierbehandlung, weil Milben auch in symptomfreien Hautbereichen bereits vorhanden sein können. Geeignete Präparate sind z. B. Derrivetrat®, Alugan®, Triplexan®, Penochron®, Asuntol®, Ragadan®, Sebacil®, Odylen®.
e) Orale Behandlung (durch den Tierarzt) mit Cythioat (Cyflee®) oder Injektion von Ivermectin (Ivomec®).
f) Unbedingt gleichzeitig muß eine Desinfektion der Lagerstätten bzw. Zuchträume mit Pyrethroiden und Carbamaten (z. B. Permethrin 25®, CBM 8®) erfolgen, da die Milben auch länger im Freien überleben können.

Ohrmilbe (*Otodectes cynotis*)

> *Schüttelt Mieze Kopf und Ohr,*
> *kroch die Milb hinein zuvor.*

Geographische Verbreitung. Weltweit. In Europa sehr häufig; bis 80 % der freilaufenden Katzen können befallen sein.

Artmerkmale und Entwicklung. Die gesamte Entwicklung findet auf der Haut statt, wobei diese sog. Ohrmilben (wegen ihrer Vorliebe für Wärme und Dunkelheit) insbesondere die Tiefen des äußeren Gehörganges aufsuchen und sich dort nach dem Anstechen der Haut vom austretenden Körpersekret (Blut, Lymphe) ernähren. Sie fressen jedoch keine festen Hautteile. Die Weibchen werden 0,5 × 0,3 mm groß (Abb. 19 C), die Männchen sind etwas kleiner. Nach der Begattung setzen die Weibchen die 0,2 (!) mm großen Eier auf der Haut in Rissen (= Schrunden) ab. Aus ihnen schlüpft eine sechsbeinige Larve, die sich binnen drei Wochen über zwei achtbeinige Nymphenstadien nach Häutungen zum Adulten entwickelt. Die Haftstielchen an den Beinen der Milben sind im Vergleich zu den Verhältnissen bei *Notoedres* und *Sarcoptes* (s. Abb. 14, 19 A, B) extrem kurz. *O. cynotis*-Milben können an vor Austrocknung geschützten Stellen auch mehrere Wochen ohne Wirt überleben.

Befallsmodus. Der Übertritt der Milben erfolgt bei Körperkontakt mit befallenen Tieren (Katzen, aber auch Hunden!) oder bei Kontakt mit »vermilbten« Geräteschaften bzw. Lagerstätten, in denen vom Wirt abgefallene Milben evtl. für Wochen (!) ausharren können. Ältere Katzen, die selbst keine Anzeichen einer Erkrankung zeigen, sind häufige Infektionsquellen für jüngere und/oder erkrankte Tiere.

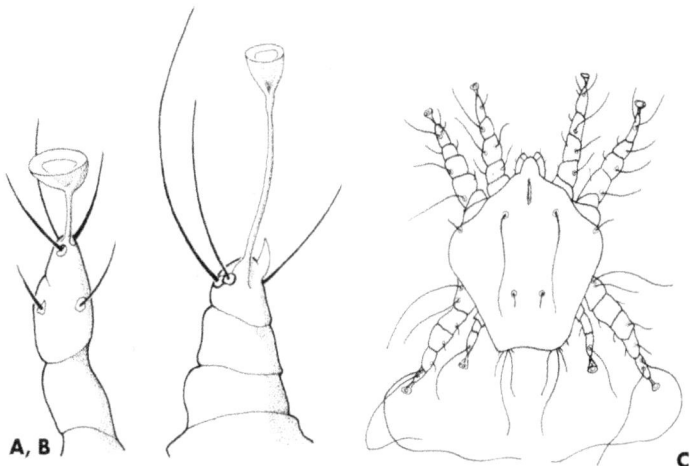

Abb. 19. Schematische Darstellung der Haftstiele bei adulten Stadien von *Otodectes* (**A**) und *Sarcoptes* (**B**) sowie *Otodectes* (**C**) von der Rückenseite.

Anzeichen der Erkrankung (Ohrräude, *Otodectes*-Räude). Juckreiz in den Ohren, Katzen schütteln daher häufig ruckartig den Kopf. Die Bildung schwärzlicher Schuppungen, typischer Ekzeme und eines eitrigen, übelriechenden Ausfluß geht einher mit Krusten- und Borkenbildung. Bakterielle Sekundärinfektionen können das Krankheitsbild komplizieren, zum Durchbruch des Trommelfells und nachfolgend zu Taubheit und nervösen Störungen führen.

Infektionsgefahr für den Menschen. Ja! Beim Übertritt kommt es zum Hautbefall mit entsprechender Symptomatik. Auch der Hund kann sich infizieren – wohl vorwiegend am Katzenkörbchen oder an Gerätschaften.

Diagnosemöglichkeiten. Die relativ großen Milben können bei vorsichtigem Einführen und Drehen von Wattetupfern (Q-Tips) in den Gehörgang (Kopf der Katze festhalten, um ein Zucken und damit Verletzungen zu vermeiden) herausgeholt und auf der Oberfläche mit einer Handlupe erkannt werden. Da die tägliche Milbenanzahl in/auf den Krusten schwanken kann, muß diese Prozedur wiederholt werden.

Vorbeugung. Katzenohren regelmäßig inspizieren, Meiden des Kontakts zu streunenden Katzen; Körbchen und Gerätschaften regelmäßig heiß waschen bzw. desinfizieren.

Behandlungsmaßnahmen. Siehe *Sarcoptes-* (S. 81) und *Notoedres*-Räude (S. 75).

Fellmilben (*Cheyletiella*-Arten)

*Das schönste Fell sieht nicht gut aus,
lebt darin die Milb in Saus und Braus.*

Geographische Verbreitung. Weltweit. In Europa sind bis zu 3 % der freilaufenden Katzen befallen; bei starken Katzenbeständen auf engem Raum (z. B. Zuchten, Tierheimen) kann Massenbefall (!) auftreten.

Artmerkmale und Entwicklung. Bei der Katze können drei Arten (*C. blakei, C. yasguri* und *C. parasitivorax* (vom Kaninchen) auftreten, die alle durch starke Klauen an den zu den Mundwerkzeugen gehörenden sog. Pedipalpen (Abb. 20) gekennzeichnet sind. Die adulten Weibchen werden 0,45 mm × 0,25 mm groß, die Männchen erreichen 0,35 × 0,2 mm. Beide Geschlechtstiere wie auch die übrigen Stadien des Entwicklungszyklus (Larven, Nymphen) ernähren sich durch Fraß von Hautteilen, wobei sie Verletzungen der Hautoberfläche des Wirtes herbeiführen. Das Weibchen klebt – in ähnlicher Form wie es auch Läuse tun – die etwa 0,25 × 0,15 mm großen Eier an Haare, wobei aber ein Faden zur

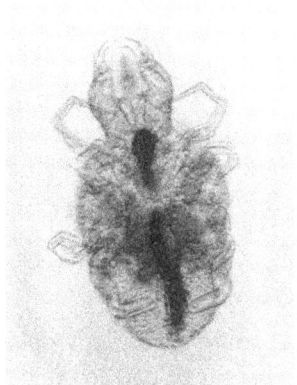 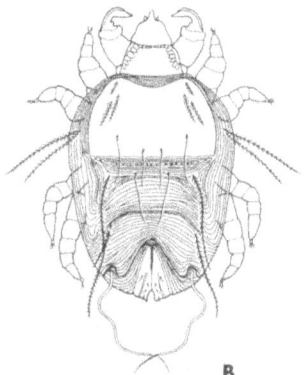

Abb. 20. Lichtmikroskopische (**A**) und schematische (**B**) Darstellung der Fellmilbe *Cheyletiella*. **A.** Bauchseite. **B.** Rückenseite.

»Umspinnung« dient. Aus den Eiern schlüpft die Larve und über ein (bei Männchen) oder zwei (Weibchen) Nymphenstadien wird in 3–5 Wochen die Geschlechtsreife erlangt. Fallen Milben aus dem Fell, so können sie bei einer Mindesttemperatur von 4 °C bis zu 10 Tage ohne Nahrungsaufnahme (!) überleben und so »Infektionsquellen« darstellen.

Befallsmodus. Milben treten beim Körperkontakt mit befallenen Tieren oder kontaminierten Gegenständen über und siedeln sich vorwiegend im Bereich des Kopfes, Nakkens bzw. des Rückens an.

Anzeichen der Erkrankung (*Cheyletiella*-Räude). Geringgradiger Befall bleibt bei gesunden Katzen meist symptomlos. Geschwächte Tiere zeigen dagegen – insbesondere bei Massenbefall – klinische Symptome, die mit dem Auftreten von trockenen Schuppen, Papelbildung, Haarausfall und starkem Juckreiz beginnen, aber auch räudeartige Krankheitsbilder nach sich ziehen können.

Infektionsgefahr für den Menschen. Ja! Ein Übertritt ist möglich (auch auf den Hund); diese Milben bewirken dann Hautreizungen und die Bildung von 4–6 mm großen flachen Knötchen, die aber auch ohne Behandlung verschwinden, wenn der »Nachschub« von Milben durch Behandlung der Katze unterbunden wird. Häufig wird durch das Auftreten derartiger Symptome beim Menschen erst der verdeckte Befall der Katze entdeckt.

Diagnosemöglichkeiten. Das Fell sollte kräftig auf einem dunklen Untergrund abgebürstet werden, so daß so die hellen, relativ großen Milben durch ihre Bewegungen sichtbar werden. Das Betrachten der ausgebürsteten Fellteile mit einer stärkeren Handlupe schafft somit bereits näheren Aufschluß.

Vorbeugung. Vermeiden des Kontakts der Katze mit ungepflegten Tieren bzw. Geräten von anderen Katzen. Durch eine regelmäßige, allgemeine Fellpflege, durch das Tragen von Ungezieferhalsbändern sowie durch eine gesunde Ernährung wird ein Befall mit diesen Milben niedrig halten oder nahezu ausgeschlossen.

Behandlungsmaßnahmen. Bei Befall werden Kontaktakarizide (-insektizide, s. S. 63) aufgebracht und gemäß den Packungshinweisen angewendet. Diese Mittel sorgen für die schnelle Abtötung der Pelzmilben; da diese Mittel aber nicht auf die Milbeneier wirken, muß die Behandlung zweimal im 14tägigen Abstand wiederholt werden.

Herbstgrasmilben (*Neotrombicula autumnalis*)

> *Der alte Kater Fritz so bei sich denkt*
> *und seine Schritte fester ins Gebüsche lenkt:*
> *»Der Herbst hat auch noch ein paar warme Tage,*
> *selbst wenn ich nachher die Milb nach Hause trage.«*

Geographische Verbreitung. Weltweit.

Artmerkmale und Entwicklung. Bei dieser Art parasitieren lediglich die sechsbeinigen Larven (Abb. 21), die bei einer Vielzahl von Warmblütern (u. a. Mensch!) Blut saugen und daher gelb bis rötlich orange erscheinen. Die anderen Stadien leben auf dem Boden und fressen kleinere organische Materialien. Die Larven saugen nicht gezielt Blut, sondern ernähren sich im wesentlichen von einem Hautzellbrei. Allerdings erscheint die Bißstelle wie eine Saugstelle, da sie infolge der Verdauungsenzyme blutig unterläuft. Der Freßakt dauert eine Woche. Danach läßt sich das Larvenstadium aus dem

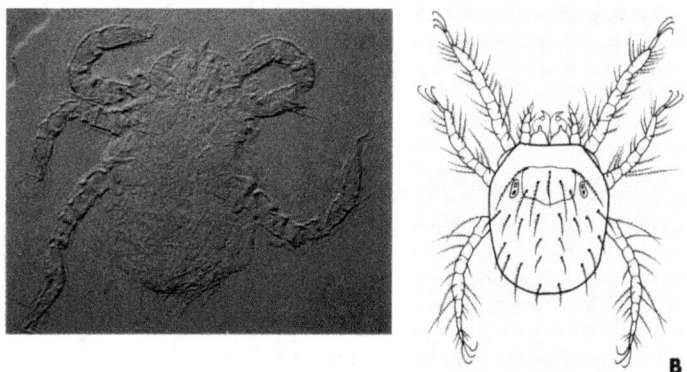

Abb. 21. Lichtmikroskopische (**A**) und schematische (**B**) Darstellung der parasitierenden Larve von *Neotrombicula autumnalis*. Nur dieses Stadium nimmt für einige Zeit Blut und Lymphe des Wirtes auf.

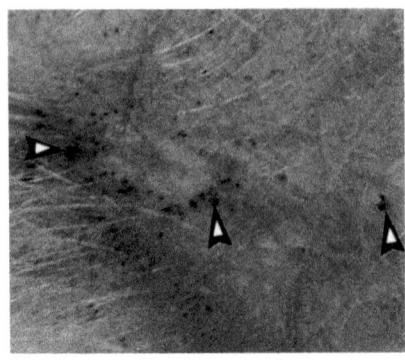

Abb. 22. Haut mit typischen kleinen Blutergüssen (*Pfeile*) bei *Neotrombicula*-Befall.

Fell fallen und entwickelt sich auf dem Boden weiter. Im nächsten Herbst sind dann wieder große Mengen von Larven vorhanden, die auf Pflanzen bis in 40 cm Höhe kriechen und von dort aus ihre Wirte »besteigen«.

Befallsmodus und übertragene Erreger. Kontakt mit Milben auf Pflanzen im Freien (vorwiegend ab Ende Juli); Erreger werden in Europa nicht übertragen.

Anzeichen der Erkrankung. Zahlreiche blutig unterlaufene Hautstellen mit starkem Juckreiz und Pustel- bzw. Quaddelbildung (Abb. 22); bei Massenbefall können auch räudeartige Aspekte auftreten.

Infektionsgefahr für den Menschen. Ja! Ein Übertritt ist möglich, da die Milben nicht wirtsspezifisch sind.

Diagnosemöglichkeiten. Milben können als braun-rötliche Punkte im Fell erkannt werden; Abbürsten auf dunklem Untergrund bzw. in wasserhaltiger Wanne.

Vorbeugung. Tragen von Ungezieferhalsbändern im Freien (während der Sommer- und Herbstzeit), s. S. 63.

Behandlungsmaßnahmen. a) Juckreizstillende Salben; b) Auftragen von Kontaktinsektiziden im Fell (s. S. 63).

Rote Vogelmilbe, Hühnermilbe (*Dermanyssus gallinae*)

> *Der Kater Karl sich und die Natur vergaß,*
> *als er ein knackig Vöglein fraß.*
> *Doch dieser Akt wilder Barbarei,*
> *blieb des Piepmatz Milben einerlei,*
> *denn sie piesakten eben diesen,*
> *bis sie ihn wieder verließen.*

Geographische Verbreitung. Weltweit.

Artmerkmale und Entwicklung. Diese Milben (Abb. 23) sind nicht sehr wählerisch und überfallen ihre Wirte (Vögel, viele Haustiere, Menschen) nachts in beträchtlicher Anzahl und saugen in allen für Milben typischen Entwicklungsstadien (Larve, Nymphen, Adulte) mit Hilfe ihrer stilettartigen Mundwerkzeuge allerdings nur für Minuten Blut. Sie erscheinen je nach Verdauungszustand rot bis grau-schwarz und werden bis 1,1 mm lang (die Männchen erreichen allerdings nur 0,7 mm). Die gesamte Entwicklung dauert etwa 4–10 Tage. Bei Fehlen von geeigneten Wirten können Hungerperioden von 5 Monaten überdauert werden, so daß ein langes Infektionsrisiko in nicht genutzten Zwingern, Stallungen etc. bestehen bleibt. Die Geschlechtstiere selbst sind für 2–3 Monate lebensfähig, wobei das Weibchen täglich 4–8 Eier absetzt, so daß es infolge der kurzen Entwicklungszeit schnell zu einem Massenauftreten und nachfolgendem starken Befall kommen kann.

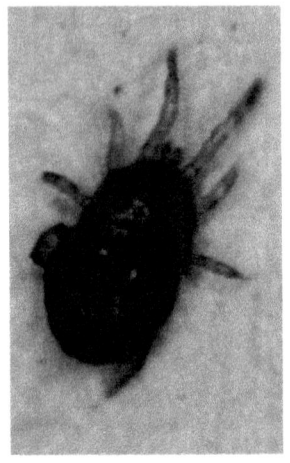 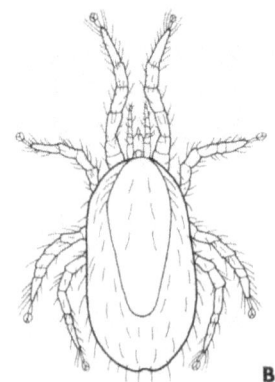

Abb. 23. Makroskopische Aufnahmen (**A**) und schematische Darstellung (**B**) der Roten Vogelmilbe *Dermanyssus gallinae*, jeweils von der Rückenseite.

Befallsmodus und übertragene Erreger. Milben überfallen Tiere und Menschen nachts aus Verstecken heraus; in Europa sind bei Mensch und Tier keine übertragenen Erreger bekannt.

Anzeichen des Befalls. Starker Juckreiz; um die Stichstellen ensteht je ein Papel mit einer kleinen, zentralen, blutigen Stelle. Bei starkem Befall finden sich zudem flächige Eiterherde.

Infektionsgefahr für den Menschen. Der Mensch wird ebenfalls nur aus Verstecken heraus im Schlaf überfallen.

Diagnosemöglichkeiten. Wegen ihrer Nachtaktivität kann man die Milben nur sehr selten im Fell antreffen. Man muß sie daher in möglichen Verstecken (Ritzen, alten Vogelnestern) suchen, wobei ein Aufsaugen etwa durch einen Hand- bzw. Autostaubsauger sehr hilfreich ist.

Vorbeugung. In Wohungen und Zwingern Zugangsmöglichkeiten der Milben aus Stallungen und Nestern unterbindern (z. B. durch Entfernung von alten Vogelnestern); regelmäßige Reinigung der Stallungen, Aufbringen von Kontaktinsektiziden (s. S.63), Versiegelung von Ritzen.

Behandlungsmaßnahmen
a) Therapie der Stichstellen: Pflege der betroffenen Hautbereiche, Desinfektion, Puder, juckreizstillende Salben.
b) Behandlung der Böden mit Kontaktinsektiziden (z. B. Cyfluthrin = Solfac® und Propoxur, Dichlorvos = Blattanex®) wobei die Anwendungshinweise unbedingt beachtet werden müssen. Eine Wiederholung ist wegen der schnellen Generationsfolge der Milben und der geringeren Wirkung auf die Eier unbedingt erforderlich.

Mäuse- bzw. Vogelmilben – *Ornithonyssus* (syn. *Bdellonyssus, Liponyssus*) *bacoti*

*Wer Mäusen in die Pelle sticht,
verachtet auch die Miezen nicht.*

Geographische Verbreitung. Weltweit bei Nagern.

Artmerkmale und Entwicklung. Auf Katzen, die regelmäßig »Kontakt« zu Mäusen haben, können deren blutsaugende Milben übertreten. Diese, bis 1,1 mm großen Milben, deren gesamte Entwicklung auf dem Wirt stattfindet und binnen einer bis zweier Wochen abgeschlossen sein kann, sind wie Hühnermilben durch stilettartige Mundwerkzeuge gekennzeichnet (s. Abb. 23). Mit Ausnahme der Larven und des letzten der beiden Nymphenstadien (= Telonymphe) nehmen alle Stadien täglich (tags und/oder nachts) Blut auf. Fallen diese Milben vom Wirt ab, können sie bis 3 Wochen ohne Nahrung auskommen.

Befallsmodus. Übertritt der Milben beim Fressen von Mäusen bzw. beim Fangspiel.

Anzeichen der Erkrankung. Schwacher Befall bleibt unauffällig, starker Befall bewirkt Verkrustungen, Ekzeme, Haarausfall und häufig auch Blutarmut.

Infektionsgefahr für den Menschen. Ja! Bei engem Körperkontakt kommt es zum Übertritt, was häufig beim Umsetzen von Mäusen u. a. bei der Laborhaltung erfolgt.

Diagnosemöglichkeiten. Auskämmen des Fells auf gelblichen Untergrund, denn die gesogenen Milben erscheinen wegen des Blutes in ihrem Darm dunkel.

Vorbeugung. Regelmäßige Fellkontrolle und Säuberung der Lagerstätten.

Behandlungsmaßnahmen. Siehe *Cheyletiella*-Arten, S. 84; Einsatz von Kontaktinsektiziden.

Flöhe (Siphonaptera)

Bricht ein Floh sich das Hinterbein,
läßt er's Springen für immer sein.

Flöhe sind seitlich abgeflachte, flügellose, bräunlich gefärbte Insekten, die wegen ihres starken, dritten Hinterbeinpaares zu enormen Sprungleistungen (50 cm) befähigt sind (sogar ohne Anlauf!). Die meisten Flöhe (Abb. 24–27), bei denen beide Geschlechter mehrmals am Tag bei einem

 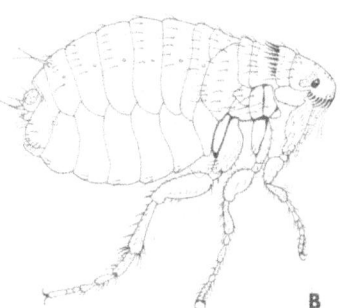

Abb. 24. Rasterelektronenmikroskopische (**A**) und schematische (**B**) Darstellung des Katzenflohs *Ctenocephalides felis*.

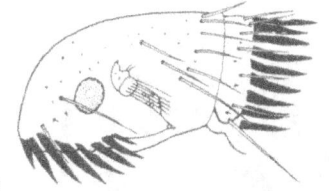 

Abb. 25. Schematische Darstellung der Kopf- und Nackenbeborstung beim Hundefloh *Ctenocephalides canis* (**A**) und beim Katzenfloh *C. felis* (**B**). Der erste Wangenzahn bleibt beim Hundefloh deutlich kürzer als der zweite, während beim Katzenfloh beide etwa gleich lang werden.

Warmblüter Blut saugen und den Wirt danach schnell wieder verlassen, sind nicht sehr wirtsspezifisch, so daß sich auf der Katze sowohl der Katzenfloh (s. Abb. 24, *Ctenocephalides felis*), der Menschenfloh (*Pulex irritans*, s. Abb. 26) und Hundefloh (*Ctenocephalides canis*, siehe Abb. 25 A) als auch Vogel- und Nagerflöhe (beim Umherstreifen aufgesammelt) finden können. Sie bevorzugen die weichhäutigen Körperteile und treten daher bei Katze und Mensch als »**Floh im Ohr**« nur im Sprichwort auf.

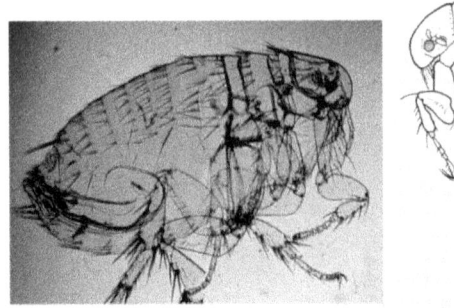 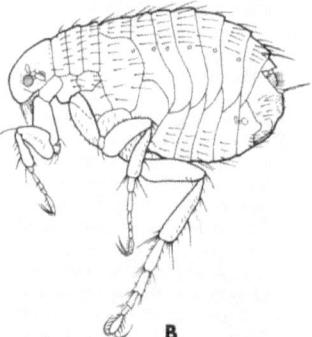

Abb. 26. Lichtmikroskopische Aufnahmen eines Männchens (**A**) und schematische Darstellung eines Weibchens (**B**) des Menschenflohs *Pulex irritans*.

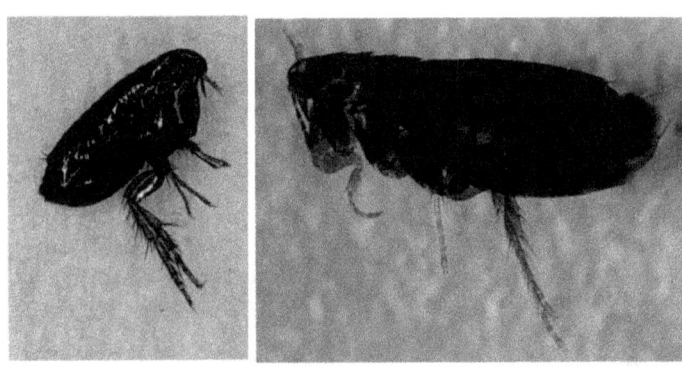

Abb. 27. Makroskopische Aufnahmen von Vogel- (**A**) und Nagerflöhen (**B**).

Flöhe sind lange und intensive Begleiter der menschlichen Kultur und haben sich sicher seit urdenklichen Zeiten in der Lebensgemeinschaft Mensch-Tier etabliert. Dies fand auch Ausdruck in Kulturgegenständen oder im Schriftwerk. So kratzten sich die Damen im Rokoko mit feinen Händchen aus Elfenbein oder trugen honiggefüllte, kleine gläserne Töpfchen als Flohfallen in ihren weiten Dessous. Diese

Fallen dürften allerdings kaum funktioniert und den Damen ein eher ranziges »Odeur« beschert haben. Juristen wie Goethe haben sich auch fachlich mit Flohproblemen auseinandergesetzt, dazu tiefschürfende Traktate verfaßt und versucht, in Diskursen u. a. die folgenden drängenden Fragen zu klären:

1. Wer hat das Jagdrecht (auf Flöhe) bei einer Ehefrau?
2. Darf man Flöhe während einer Messe töten?

Die Antworten blieben aber, wie die Flohstiche selbst, stets unbefriedigend, und darüber zu reden war weitgehend unschicklich. Man kratzte eben und litt still.
Die Bedeutung der Flöhe ist in Deutschland nach wie vor groß. So haben jede vierte Katze und jeder vierte Hund regelmäßig »Besuch« von Flöhen. Dies ist aber kein Zeichen mangelnder Sauberkeit oder Anzeichen für Vernachlässigung seitens des Frauchens oder Herrchens. Der Grund liegt vielmehr darin, daß nur 1 % der Flöhe auf dem Tier sitzen, während die anderen sich ihres Lebens in der zu 90 % nichtbehandelten Umgebung erfreuen.

Katzenfloh (*Ctenocephalides felis*)

Frau Dr. Zilla Schmitz-Trüber,
schaut entsetzt zu ihrer Mieze rüber,
wie sie mit dem verflohten Kater Umgang pflegt
und dessen Flöhe dann nach Hause trägt.

Geographische Verbreitung. Weltweit.

Artmerkmale und Entwicklung. Geschlechtsreife Katzenflöhe sind wie alle Flöhe durch ihren flügellosen, seitlich zusammengedrückten Körper und die langen, als Sprungbeine

ausgebildeten beiden Hinterbeine charakterisiert (s. Abb. 24–27). Wegen der chitinösen Körperplatten wirken Flöhe bei Betrachtung mit der Lupe wie gepanzert. Mit bloßem Auge fallen Flöhe durch ihre braune Körperfärbung und insbesondere durch ihre lebhafte Beweglichkeit infolge ihres Sprungvermögens auf, das früher häufig im »Flohzirkus« einer staunenden Öffentlichkeit präsentiert wurde. Die adulten Flöhe werden als Weibchen gesogen etwa 3,1 mm, als Männchen etwa 2,5 mm lang. Sie sind sowohl im Haarkleid als auch in der Umgebung ihrer Wirte zu finden, sofern es die Außentemperaturen erlauben (in Wohnungen ganzjährig!). Bei der Wirtsfindung – Flöhe lieben es, täglich zu saugen! – hilft eine für alle Flöhe typische Sinnesplatte (Pygidialplatte, Sensilium) am Hinterende, deren Sinneszellen zur Wahrnehmung der Ausdünstungen potentieller Wirte dienen wie auch den Luftzug erfassen und so das »Auf- bzw. Umsteigen« auf neue Wirte ermöglichen. Der Katzenfloh (*C. felis*) unterscheidet sich von den ebenfalls bei der Katze auftretenden Hundeflöhen (*C. canis*), Menschenflöhen (*Pulex irritans*) bzw. Vogelflöhen (*Ceratophyllus*-Arten) und Rattenflöhen (*Nosophyllus*-Arten) durch das Vorhandensein bzw. die Ausgestaltung von »Kämmen« (Ctenidien) aus spitzen Chitindornen am Vorderrand des Kopfes und im Nacken (s. Abb. 24 B, 25). Der Menschenfloh (s. Abb. 26) besitzt keinerlei Dorne, während diese bei Hunde- wie auch Katzenflöhen sehr markant ausgebildet sind. Allerdings ist beim Hundefloh (s. Abb. 25 A) der 1. Dorn des Kopfvorderrandes nur etwa halb so lang wie der zweite, während beim Katzenfloh die beiden entsprechenden Dorne gleich lang erscheinen (s. Abb. 24 B, 25 B).
Männliche und weibliche Flöhe saugen täglich gleichermaßen und etwa auch gleiche Mengen Blut. Dazu stechen sie mit ihren Zweikanal-Mundwerkzeugen die Haut häufig in weniger behaarten, aber weichhäutigen Bereichen (z. B. Bauch, Schenkelinnenflächen, Leisten) an, injizieren mit Hilfe eines Kanals Speichel, der eine die Blutgerinnung

hemmende Substanz enthält und saugen mit dem anderen Kanal binnen 20–150 s etwa 50–100 µl (1l = 1000 ml, 1 ml = 1000 µl) Blut. Da der Magen und Darmtrakt sehr viel weniger faßt, werden große Teile des Blutes noch während der Mahlzeit wieder abgesetzt und erscheinen als geronnenes, würstchenförmiges Blut im Katzenfell. Während ihres etwa ein bis 1 1/2 Jahre dauernden Lebens nehmen die Flöhe – wenn möglich – täglich Blut auf. Sie können aber auch tagelang hungern.

Flohweibchen werden auf dem Wirt oder nach dem Verlassen (etwa im Katzenlager) vom Männchen begattet. Nach ein bis 2 Tagen beginnt die Ablage der ovoiden, etwa 0,5 × 0,3 mm großen, weißlichen, mit bloßem Auge sichtbaren Eier, deren Oberfläche mit einem klebrigen Sekret bedeckt ist, so daß diese am Fell, im Lager der Katze und/oder an Haaren des Teppichbodens in Wohnungen haften. Etwa 300 bis 500 Eier werden von jedem Weibchen in Schüben von 4–8 Stück (max. täglich etwa 30) abgegeben. Aus ihnen schlüpfen nach einer temperaturabhängigen Entwicklungszeit von 4–14 Tagen beborstete Larven (Abb. 28, 51), die wegen ihrer Beborstung auch als sog. Drahtwürmer bezeichnet werden. Diese Larven ernähren sich von organischen Abfällen (Detritus). Notwendig ist auch die Aufnahme des Kots adulter Tiere (= rötliche Würstchen), zumal dieser – wie oben beschrieben – ungewöhnlich viele unverdaute Blutkörperchen enthält. Über zwei Häutungen wird das dritte, dunkelbraun erscheinende Larvenstadium von max. 6 mm Länge erreicht. Es spinnt sich in eine klebrige Hülle (Kokon) ein, an dessen Oberfläche Partikel aus der Umgebung (kleine Brösel, Körnchen, Sand etc.) kleben, so daß dieses »Puppenstadium« gut getarnt ist. In diesem Kokon wandelt sich die Larve in schnellstens 4–7 Tagen zum geschlechtsreifen Adulten um, so daß bei Zimmertemperatur (22–24 °C) im Durchschnitt etwa 20–24 Tage für die gesamte Entwicklung benötigt werden. Allerdings kann bei ungünstigen Umweltbedingungen, zu denen niedrige Außen-

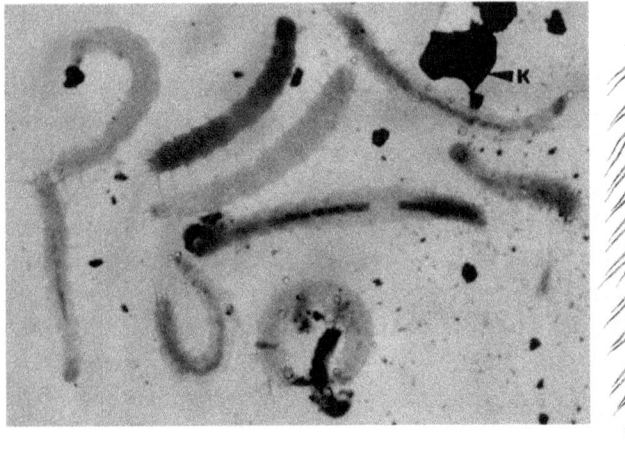

Abb. 28. Lichtmikroskopische (**A**) und schematische (**B**) Darstellung von unterschiedlich alten Flohlarven (= sog. Drahtwürmer). K = Bluthaltiger Kot adulter Flöhe, dient u. a. als Nahrung. Charakteristisch ist die starke Beborstung der Larven.

temperaturen und das Fehlen eines Erschütterungsreizes gehören, die Puppenruhe auf mehrere Monate (z. B. den gesamten Winter im Vogelnest!) dauern. Kündigt dann aber eine Erschütterung einen potentiellen Wirt an, kommt es zu einem gleichzeitigen Massenschlüpfen. Dies wird häufig in »verflohten«, verlassenen Wohnungen beim Neubezug beobachtet, wobei die Flöhe dann auf den Tischen »tanzen« und Anlaß zum ersten Streit mit dem Vermieter bieten.

Befallsmodus und übertragene Erreger. Katzenflöhe springen ihre Wirte (auch Mensch!) im allgemeinen an oder treten bei Verwendung gleicher Lagerstätten von einem Tier zum anderen über. Mechanisch können nahezu alle im Blut befindlichen Erreger wie Viren, Bakterien und evtl. auch Einzeller übertragen werden. Von besonderer Bedeutung sind die häufig in Flöhen bzw. deren Larven enthaltenen Entwicklungsstadien des Gurkenkernbandwurms (s. S. 144), die beim »Knabbern« von Flöhen oral aufgenommen werden und sich im Katzendarm zu geschlechtsreifen Bandwürmern entwickeln.

Anzeichen des Befalls und Krankheitssymptome. Mehr oder minder vereinzelte Flohstiche, die häufig in Reihen liegen, erscheinen als extrem juckende, lokale, rötlich gefärbte und oft vorgewölbte Hautreaktionen. Ein Massenbefall führt bei Katzen in vielen Fällen zu flächigen, nässenden Eiterausschlägen (Ekzemen), Abmagerung und/oder Anämie. Bemerkenswert ist noch, daß infolge einer zunehmenden allergischen Sensibilisierung bei einigen Tieren diese schwerwiegenden Symptome sogar schon nach wiederholten, aber einzelnen Stichen eintreten können. Eingebildeter Juckreiz bleibt oft dauerhaft! Die allergischen Erscheinungen allerdings sind nicht eingebildet, sondern können insbesondere bei Katzen im Alter von über 3 Jahren und vorausgegangenen, zahlreichen Stichen zum plötzlichen »Umfallen« selbst nach nur wenigen Stichen führen und dann eine lebensbedrohliche Schockreaktion auslösen.

Infektionsgefahr für den Menschen. Katzenflöhe sind nicht wirtsspezifisch und saugen ebenso am Menschen. Nehmen Menschen (Kinder) Katzenflöhe oder (was sicher häufiger ist) im Fell verteilte, zerknabberte Teile davon auf, so entwickelt sich bei deren Befall mit Larven des Gurkenbandwurms dieser Wurm auch beim Menschen (s. S. 144).

Diagnosemöglichkeiten. Flohbefall der Katze äußert sich in häufigem Kratzen, in dunklem Fell fallen zudem evtl. die hellen Eier auf. Im Körbchen oder auf Decken finden sich dann auch die kleinen, rötlichen »Flohkotwürstchen«. Bei Verdacht eines Flohbefalls empfiehlt es sich, die Katze in eine flach mit 2–3 cm Wasser gefüllten Badewanne zu stellen und sie mit einem feinen Kamm kräftig durchzukämmen. Die Flöhe fallen dann ins Wasser und können nicht gleich wieder aufspringen.

Vorbeugung. Gegen starken Flohbefall helfen vor allem eine gründliche und regelmäßige Fellpflege sowie die Säuberung der Katzenlagerstätten. Daneben sollten alle Ritzen und potentiellen Verstecke von Flohlarven in Nähe der Lagerstätten der Katze versiegelt werden – was allerdings heute bei den weitverbreiteten Teppichböden große Probleme aufwirft. Bei regelmäßigen langen Aufenthalten im Freien bzw. beim Umgang mit anderen Katzen (aber auch Hunden!) helfen Ungezieferhalsbänder, die den Wirkstoff in Pulverform (z. B. Bolfo®, Parasitex® EFA, Parasiten-Halsband®, Felinovel®, Vapona®, Vet-Kem®, Kadox®, Kiltix® etc.) oder gasförmig abgeben. Im Umgang mit Insektiziden ist generell **Vorsicht** geboten. Zum einen sind diese Substanzen toxisch für den Menschen (insbesondere für Kleinkinder!) zum anderen treten entsprechende Schädigungen potentiell auch bei Katzen auf. Die heute viel verwendeten Pflanzenextrakte (Pyrethrum aus der Chrysantheme) bzw. ihr synthetischer Nachbau (Pyrethroide, u. a. Permerthrin, Cypermethrin, Deltamethrin) gelten im allgemeinen heute noch als **am wenigsten toxisch!** Die Namen der Wirkstoffe müssen in Deutschland auf der Packung stehen! Insektizide, die den Wirkstoff Dichlorvos (DDVP) enthalten, wirken bei einigen Katzenrassen (z. B. Perserkatzen) als Auslöser von allergischen Schockreaktionen! Das Naßwerden von Halsbändern kann zudem ihre Wirksamkeit stark herabsetzen. Im Normalfall – abhängig von der Katzengröße und dem Wirkstoff – hält die Wirkung etwa 3–4 Monate an. Einen ähnlich langen Schutz bietet bei der Katze auch die sachgerechte Anwendung (einmaliges Auftropfen) des Wirkstoffs Fenthion (Tiguvon® 10). Dagegen bieten Ultraschallgeräte, wie sich in unabhängigen Tests zeigte, kaum Schutz und fördern vor allem das Wohlbefinden des Herstellers.

Behandlungsmaßnahmen. Flohbekämpfung: Ist ein Flohbefall bereits eingetreten, so hilft zunächst das oben beschriebene wiederholte Auskämmen. Da sich im Regelfall aber nur 1 % einer Flohbevölkerung auf der Katze befindet, müssen unbedingt weitere Maßnahmen erfolgen – heute ohne das von W. Busch empfohlene drastische Vorgehen (Abb. 29). Bei Katzen haben sich zur Anwendung im Fell die Wirkstoffe Propoxur (Bolfo®) und Cabaril (u. a. Felinovel®, Vet-kem®) bewährt, ebenso wie das Auftropfen von Fenthion (Tiguvon® 10), was einen langanhaltenden Schutz bewirkt (s. S. 63). Mit der Fellbehandlung muß die Behandlung der Lagerstätten durch Versprühen der gleichen Insektizide einhergehen. Da diese aber nur die dort freisitzenden adulten Stadien töten, die Larven aber mehr oder minder ungehindert weiterwachsen, muß auch gegen diese vorgegangen werden. Seit einiger Zeit sind in Deutschland auch zu dieser sog. Umgebungsbehandlung einige Präparate verfügbar. Sie enthalten einen als Methopren bezeichneten Regulator, der das Larvenwachstum hemmt (Precor®). Diese Substanz, deren Wirkung erst nach 14 Tagen eintritt (= mehr als die halbe Larvenentwicklungszeit), hat keine Effekte auf die adulten Flöhe, unterbindet aber für 4 Monate nach dem Aussprühen die Larvalentwicklungen im besprühten Bereich. Vet-kem®-Spray und Bolfo®-Plus enthalten aber sowohl diesen Wirkstoff als auch ein Insektizid und eignen sich daher zur Abtötung sowohl von Larven als auch von Adulten im Lager der Katze. Die gleiche Wirkung hat die demnächst auf den Markt kommende Substanzen Lufenuron (Program®) wie auch Petvital®. **Stichbehandlung:** Die entzündeten Stichstellen sollten stets desinfiziert und gegen die Symptome mit entzündungshemmenden und juckreizstillenden Pudern bzw. Salben (vom Tierarzt verordnet) behandelt werden. Beim Auftreten von allergischen

Abb. 29. Entflohung in Tabaklauge nach W. Busch's Motiven (von V. Walldorf gezeichnet). Zu dieser martialischen Kur schrieb W. Busch: »Aber Schrupp wird eingezwängt;/in ein Faß voll Tabaklauge/tunkt man ihn mit Haut und Haar/ob er gleich sich heftig sträubte/und durchaus dagegen war.«.

Reaktionen sind gegebenfalls auch sog. Antihistaminika zu verabreichen (oral oder als Injektion).

Andere Floharten

Bei der Katze können noch eine Reihe von anderen Floharten auftreten, die sie sich beim Durchstreifen von Buschwerk oder beim Fangen von Nagern »aufsammelt« und dann auch ins Haus einschleppt. Aufgrund äußerer Merkmale unterscheiden sich diese Arten (für den Fachmann) deutlich (eine tatsächliche Diagnose ist zur Bekämpfung aber nicht notwendig):

Menschenfloh (*Pulex irritans*) wird 2–3,5 mm lang und besitzt keinerlei Ctenidien (Borsten- bzw. Dornenkämme) am Kopf und im Nacken (s. Abb. 26).

Hundefloh (*Ctenocephalides canis*); das Weibchen wird 3,5 mm lang, das Männchen bis 2,5 mm. Beide besitzen Kämme sowohl am Kopf als auch im Nacken; die beiden ersten Stacheln des vordersten Kamms sind unterschiedlich lang (s. Abb. 25 A).

Hühnerfloh (*Ceratophyllus gallinae*), wird bis 3,5 mm lang, besitzt nur einen Kamm im Nacken (mit 26–30 Stacheln); der Vorderrand des Kopfes ist dagegen glatt (s. Abb. 27 A).

Kaninchenfloh (*Spilopsyllus cuniculi*), bis 2 mm lang, besitzt nur kleine Kämme: vorn mit 4–6, hinten mit 14–15 Stacheln.

Igelfloh (*Archaeopsylla erinacei*), bis 3 mm lang, weist einen kleinen vorderen Kamm mit 2–3 Stacheln und einen hinteren mit max. 6 Stacheln auf.

Rattenfloh (*Nosophyllus fasciatus*), bis 6 mm lang, besitzt nur einen hinteren Kamm aus 18–20 Stacheln (s. Abb. 27 B).

Die Artdiagnose ist wie erwähnt nicht notwendig, da die oben beschriebenen Bekämpfungsmethoden bei allen Floharten gleichermaßen wirken. Sollten sich jedoch bestimmte Floharten auf einer Katze häufen, wäre es schon interessant, die außen gelegene »Quelle« zu kennen, um den regelmäßigen Neubefall, z. B. durch Einbau von Mäuse- bzw. Kaninchengittern in den Garten, zu erschweren.

Mücken

*Und die Mücke eilte heiter
vom Kater zum Frauchen weiter.*

Stechmücken (engl. Moskitos; in manchen deutschen Landen fälschlicherweise auch als Schnaken bezeichnet) sind durch zwei Paar echte Flügel, sechs relativ lange Beine, ein Paar lange, fadenförmige Antennen wie auch einen (im Vergleich zu Fliegen, s. S. 109) nahezu grazilen Körperbau ausgezeichnet (Abb. 30, 31). Allen in Europa vorkommenden Arten ist gemeinsam, daß sie sich im Frühjahr bis Herbst vermehren. Zur Eireifung müssen die Weibchen, die auch im Haus überwintern können, Blut saugen. Im Anflug auf den »Spender« (u. a. Katze, Hund, Mensch) ist ein artspezifischer Summ- bzw. Sirrton zu hören. Die Larvalentwicklung der verschiedenen Gattungen von Stechmücken erfolgt stets im Wasser (s. Abb. 31). Tiere und Menschen werden von den gleichen Mücken artspezifisch nachts (z. B. Haus-, Fiebermücken), in der Dämmerung (Sandmücken) oder tagsüber (Wald-, Wiesen- und Kriebelmücken) gestochen.

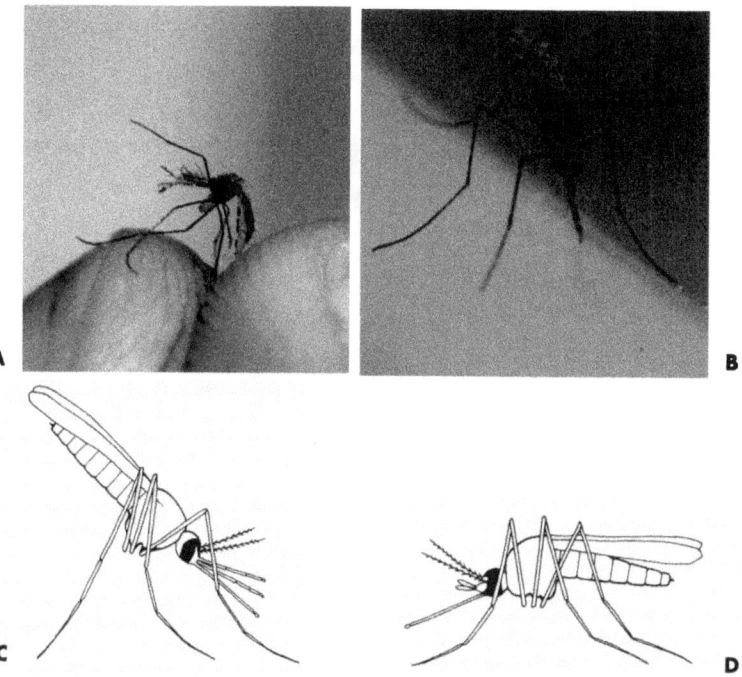

Abb. 30. Makroskopische Aufnahmen (**A, B**) und schematische Darstellung (**C, D**) von Mücken. **A.** Männchen von *Culex* (= Antennen sind buschig). **B.** Weibchen von *Anopheles* in Saugstellung. **C, D.** Sitzstellungen: **C** = *Anopheles*, **D** = *Aedes, Culex*.

Stechmücken im Haus bzw. in der Hausnähe

Geographische Verbreitung. Weltweit.

Artmerkmale und Entwicklung. Die Weibchen folgender Mückengattungen saugen bei der Katze (wie auch beim Menschen) Blut:
a) Hausmücken (*Culex*-Arten).
   Diese etwa 5 mm großen Weibchen spreitzen beim Sitzen ihren Hinterleib, der bräunlich-grau mit hellen Querbinden erscheint, nicht von der Unterlage weg (s.

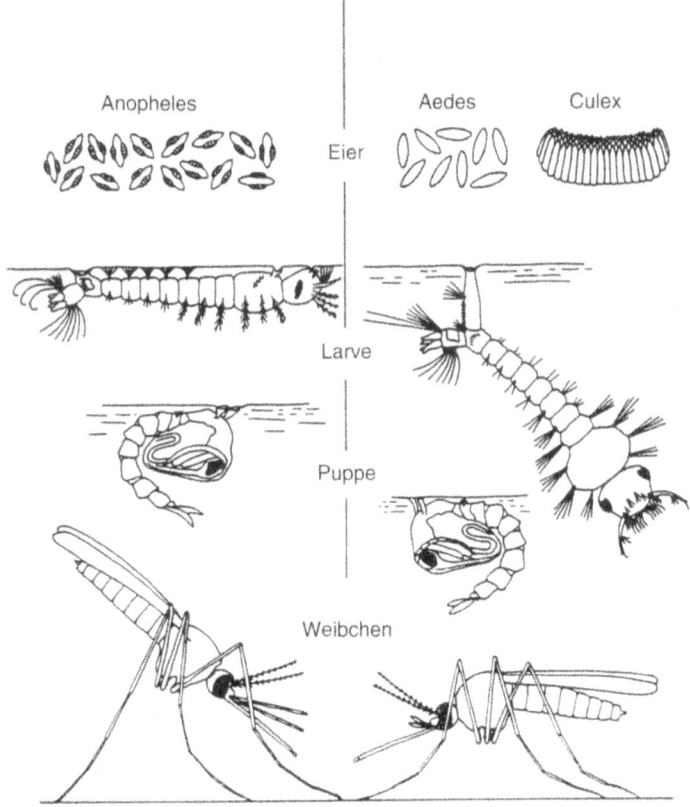

Abb. 31. Schematische Darstellung der Stadien im Lebenszyklus dreier Mückengattungen.

Abb. 30 A). Sie leben tagsüber versteckt und saugen nachts.
b) Wald- und Wiesenmücken (*Aedes*-Arten).
Diese werden ebenfalls max. 5 mm lang, sind von graubrauner Färbung und spreitzen den Hinterleib beim Saugen ebenfalls nicht von der Unterlage ab (s. Abb. 31). Sie saugen tagsüber und in der Dämmerung.

c) Fiebermücken (*Anopheles*-Arten).
Die Weibchen, die 5–7 mm lang werden und dunkelbraun gefärbt sind, spreitzen beim nächtlichen Saugakt den Hinterleib von der Untrelage ab (s. Abb. 30 B) und verstecken sich tagsüber im Haus.
d) Kriebelmücken (*Simulium*-Arten).
Die Weibchen werden nur max. 2,5–4,5 mm lang und erscheinen tiefschwarz. Sie saugen tagsüber im Freien mit ihren sägeartigen Mundwerkzeugen (schmerzhafter Biß!) für 4–6 Minuten Blut.
e) Gnitzen (*Culicoides*-Arten).
Diese extrem kleinen Arten (1–4 mm) sind durch eine fleckenfarbige Zeichnung auf den in Ruhe flach anliegenden Flügeln charakterisiert. Sie saugen meist im Freien in der Dämmerung und nachts Blut.
f) Sandmücken (*Phlebotomus*-Arten).
Die etwa 3–4 mm großen Individuen sind extrem stark behaart und auch gut an den in Ruhe stets »engelartig« getragenen Flügeln leicht zu erkennen (Abb. 32). Sie saugen im Freien in der Dämmerung und nachts Blut.
Die temperaturabhängige Entwicklung dieser Arten findet im Wasser (*Culex, Aedes, Anopheles, Simulium*), in feuchten Boden (*Culicoides*) oder sandigen Bodenhöhlen (Sandmücken = *Phlebotomus*-Arten) statt und läuft stets über mehrer Larvenstadien ab. Die letzte Larve verpuppt sich und aus der Puppe schlüpft das adulte Männchen oder Weibchen. Die Männchen sterben meist bald nach der Begattung; die Weibchen können im Hause oder in geschützten Bereichen überwintern.

Befallsmodus und übertragene Erreger. Die Weibchen nähern sich, durch Hautausdünstungen angelockt, der Beute und saugen kurz (für Minuten). Beim Saugakt können auch in Europa eine Vielzahl von Erregern (wie Viren, Bakterien, Parasiten) übertragen werden. Für Katze (und Hund) sind in Europa besonders wichtig:

Abb. 32. Schematische Darstellung der Sandmücke *Phlebotomus*. Charakteristisch ist die starke Flügelbehaarung.

1. Herzwurm (*Dirofilaria immitis*, s. S. 177),
2. *Leishmania*-Erreger, s. S. 115.

Anzeichen des Befalls. Hauterscheinungen wie Rötungen, Nässen von Stichen, Ekzeme, treten meist nur bei Massenbefall auf.

Infektionsgefahr für den Menschen. Bei nichtbehandelter Infektion der Katze mit Leishmanien stellte diese ein Erreger-Reservoir dar, von dem aus – bei mindestens 4-wöchigem Aufenthalt im Süden (Mittelmeerraum) – vor Ort (!) eine Gefährdung des Menschen ausgehen könnte. In Deutschland sind allerdings die Außentemperaturen für eine Übertragung zu niedrig.

Diagnosemöglichkeiten. Auf Mückenbefall bei der Katze deutet starker Juckreiz hin. Dies wird noch unterstrichen, wenn andere Ektoparasiten ausgeschlossen wurden **und** der Mensch selbst an Mückenstichen leidet.

Vorbeugung. Anbringen von dünnmaschigen Fliegennetzen vor Fenstern, Aufsprühen von Repellents (z. B. Autan®, Bonomol®, Detia®) auf das Fell bei längerem Aufenthalt in mückenverseuchten Gebieten (z. B. in skandinavischen Ländern).

Behandlungsmaßnahmen. Symptomatische Behandlung entzündeter Hautstellen durch antiseptische Salben bzw. Puder.

Fliegen

Lagert das Futter der Tage zweier,
ist es voll der Fliegeneier.

Geographische Verbreitung. Weltweit.

Artmerkmale und Entwicklung. Fliegen gehören wie die Mücken zu den sog. Zweiflüglern (Dipteren), die zwei voll ausgebildete Vorderflügel und zwei reduzierte Hinterflügel (sog. Halteren) aufweisen. Fliegen sind stets relativ groß (bis 1 cm) und wirken sehr gedrungen (Abb. 33 A–D), so daß sie trivial sehr plastisch und treffend als »Brummer« etc. bezeichnet werden. Schmeißfliegen und andere Fliegen ernähren sich – von einigen wenigen blutsaugenden Arten abgesehen – von organischem Abfall (z. B. Kot, verwesendes Fleisch), legen dort auch ihre Eier ab und weisen fußlose Larvenstadien (Abb. 34 A–E), eine unbewegliche Tönnchenpuppe und geschlechtsreife, geflügelte Tiere im Entwicklungsgang auf. Je nach Temperaturbedingungen kann sich eine Generation in 8–50 Tagen entwickeln und so zu einem Massenauftreten mit starker Belästigung führen. In Europa gibt es eine Vielzahl von Arten, die zu verschiedenen Gattungen gehören, z. B. die Große und die Kleine Stubenfliege (*Musca, Fannia*), die Graue und die Blaue Fleischfliege (*Sarcophaga, Calliphora*), Goldfliegen (*Lucilia*), Glanzfliegen (*Phormia*). Als Adulte sind sie Katzen und anderen Tie-

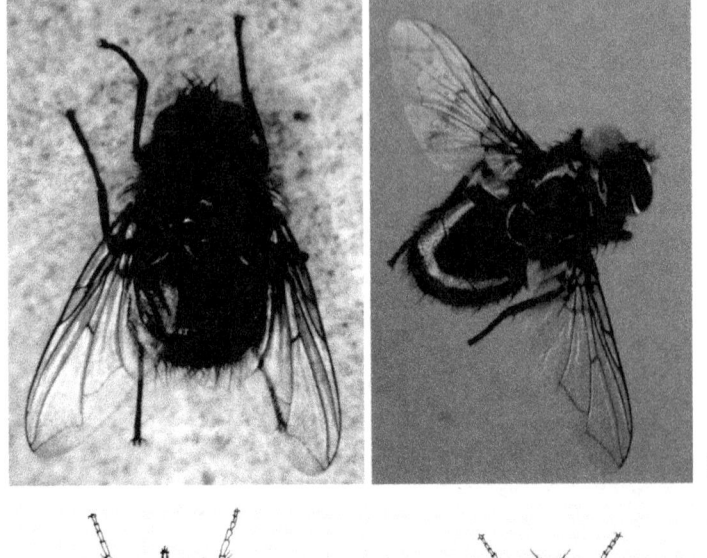
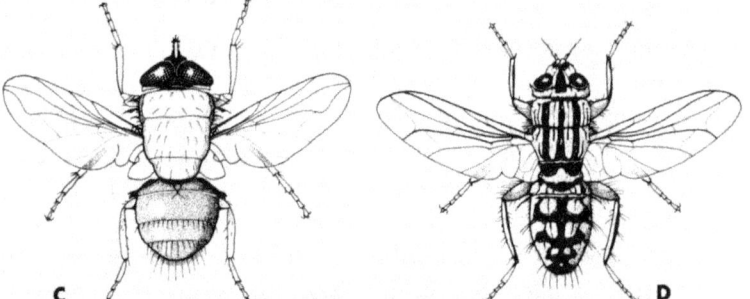

Abb. 33. Makroskopische Aufnahmen (**A, B**) und schematische Darstellungen (**C, D**) der Blauen Fleischfliege *Calliphora erythrocephala* (**A, C**), der Goldgrünen Schmeißfliege *Lucilia sericata*, (**B**) und der Grauen Fleischfliege *(Sarcophaga carnaria)*, (**D**).

ren wie auch Menschen gleichermaßen lästig, da sie sich auf deren Nahrung bzw. auf die Haut setzen.

Befallsmodus und übertragene Erreger. Die Geschlechtsreifen (= adulten) Tiere fliegen das Fell an, um dort mit ihren Mundwerkzeugen etwaige Nahrungsreste abzutupfen. Da-

Abb. 34. Makroskopische Aufnahmen (**A, B**) und schematische Darstellungen von Fliegenlarven (sog. Maden, **C–E**) aus dem Katzenfell ungepflegter Tiere bzw. aus der Lagerstätte. **A.** Graue Fleischfliege *(Sarcophaga carnaria)*, 10 mm. **B.** Glanzfliege *(Phormia regina)*, 8 mm., **C.** Kleine Stubenfliege *(Fannia canicularis)*, 6 mm. **D.** *S. carnaria* (s. o.). **E.** Dasselfliege *(Dermatobia hominis)*, 12 mm.

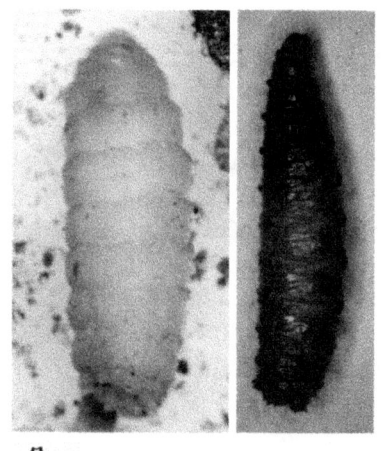

A, B

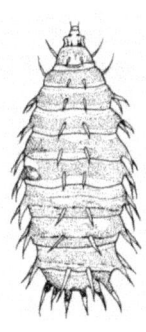

C

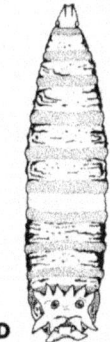

D

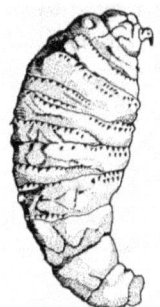

E

bei können sie auch eine Vielzahl von Erregern (Bakterien, aber auch Einzeller wie die Ruhramoeben) mechanisch auf die Haut aufbringen. Sind eitrige Wunden vorhanden, legen eine Reihe von Schmeiß- und Goldfliegen ihre Eier auf diesen Bereichen ab. Die schlüpfenden, fußlosen Larven (= Maden, s. Abb. 34) fressen mit ihren Mundhaken auch benachbartes, gesundes Gewebe und legen regelrechte Bohrgänge an, aus denen sie sich nach 1–2 Wochen (= kurz vor der Verpuppung) zu Boden fallen lassen.

Anzeichen der Erkrankung. Der Befall mit Fliegenlarven wird als Myiasis bezeichnet. Die jeweiligen Aufenthaltsbereiche sind eitrig unterlegt, was durch sekundäre Bakterieninfektionen noch verschlimmert werden kann. Bei einer größeren Menge von derartigen Wundstellen kann das Allgemeinbefinden empfindlich gestört sein, und extreme Schwäche führt dann häufig zum Tode unbehandelter Tiere.

Infektionsgefahr für den Menschen. Die Fliegenlarven selbst stellen zwar keine direkte Bedrohung dar, aber adulte Fliegen können Bakterien aus den Wunden verschleppen.

Diagnosemöglichkeiten. Nachweis von Fliegenlarven in den Wunden.

Vorbeugung. Regelmäßige Fellkontrolle, Versorgung von Wunden mit Antibiotika, so daß der die Fliegen anlockende Eiterfluß unterbunden wird; Aufbringen von Repellentien (z. B. Autan®) bei verletzten Tieren.

Behandlungsmaßnahmen. Mechanische Entfernung der Larven mit einer in Alkohol sterilisierten Pinzette, Wundversorgung mit antibiotischen Salben, Puder.

Haarlinge, Beißläuse (*Felicola subrostratus*)

Vorurteilsfrei!
Ob braun, schwarz oder hell,
die Laus steckt in jedem Fell.

Geographische Verbreitung. Weltweit, aber relativ selten, meist unter 0,1 % der Katzen; vorwiegend bei kranken und/oder vernachlässigten, streunenden Tieren.

Artmerkmale und Entwicklung. Beißläuse (Mallophagen) werden bei Haartieren wie die Katze als Haarlinge, bei Fe-

Abb. 35. Schematische Darstellung der Rückenseite eines Männchens (**A**) und Weibchens (**B**) des Katzenhaarlings *Felicola subrostratus* (nach Eichler et al. 1974). Charakteristisch sind der dreieckige Kopf, die kurzen Antennen und generell die Breite des Kopfes im Verhältnis zur schmalen Brust, die die sechs Beine trägt.

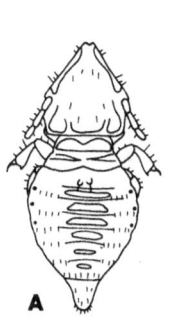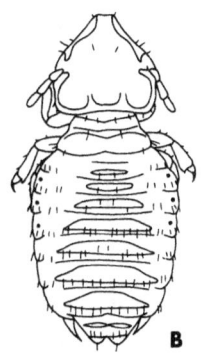

dervieh als Federlinge bezeichnet. Im Gegensatz zu Saugläusearten, die es zwar bei Hund und Mensch, aber nicht bei der Katze gibt, sind Haarlinge durch einen Kopf gekennzeichnet, der deutlich breiter ist als der die Beine tragende Brustabschnitt (Abb. 35). Bei der Katze tritt der Haarling *Felicola subrostratus* auf, dessen Weibchen 1,3 × 0,7 mm groß werden (s. Abb. 35 B), während das Männchen nur 0,5 mm breit wird und ein spindelförmiges Abdomen mit schmalem Endabschnitt besitzt (s. Abb. 35 A). Es tritt somit ein Geschlechtsdimorphismus (= äußerer Unterschied bei den Geschlechtern) auf. Der Vorderkopf der gelblich erscheinenden, abgeflachten Adulten ist nahezu fünfeckig. Nach der Begattung werden die Eier (wie bei den Saugläusen) an die Haare geklebt, und nach etwa 5–8 Tagen schlüpfen daraus die Larven, die bereits den Adulten gleichen und über drei Häutungen in etwa 2–4 Wochen die Geschlechtsreife erreichen, so daß schnell eine Massenvermehrung auf einer Katze erfolgen kann. Alle Entwicklungsstadien leben unmittelbar auf der Haut und ernähren sich von Schuppen und Wundsekreten, die beim Knabbern der Haut auftreten. Fallen die Entwicklungsstadien des Entwicklungszyklus von der Katze ab, so können sie bei ausreichender Feuchte und Temperatur maximal etwa 2 Wochen überleben.

Befallsmodus und übertragene Erreger. Die im Fell herumwandernden Haarlinge treten bei Körperberührung von Tier zu Tier über. In ihrer Leibeshöhle können die Larvenstadien des Gurkenkernbandwurms (s. S. 144) enthalten sein, die sich nach oraler Aufnahme der Läuse durch die Katze im Darm zu den langen, adulten Bandwürmern entwickeln.

Anzeichen des Befalls. Starker Juckreiz, Unruhe der Katzen, Ekzeme, Verkrustungen, Haarausfall; die letzten drei schweren Symptome treten meist bei generell geschwächten Katzen und Massenbefall auf.

Infektionsgefahr für den Menschen. Haarlinge können auf den Menschen übertreten und beim Herumwandern zu Juckreiz führen; die Gefahr der Infektion mit dem Gurkenkernbandwurm besteht ebenfalls, wenn kontaminierte Haarlingsteile, z. B. von Kindern, oral aufgenommen werden.

Diagnosemöglichkeiten. Nachweis der sehr agilen, gelben Adulten durch Auskämmen des Fells auf dunklem Untergrund; Suchen der an den Haaren festgeklebten Eier.

Vorbeugung. Tragen von Ungezieferhalsbändern bei Kontakt mit unbekannten Katzen (s. S. 63).

Behandlungsmaßnahmen. Haarlinge können durch Kontaktinsektizide, die in Puderform, als Spray oder durch Auftropfen (pour on) aufzubringen sind, bekämpft werden (s. S. 78, 81). Diese Behandlung muß zweimal jeweils nach etwa 14 Tagen wiederholt werden, da die Wirkung auf Larven bzw. Eistadien gering ist. Auch die orale Gabe von Cyflee® oder Injektion von Ivomec® (s. S. 78, 81) können – besonders bei extremem Befall – schnell für Abhilfe sorgen.

Hautleishmanien

*Trügen mehr Kater Hosen,
gäb's weniger Leishmaniosen.*

Geographische Verbreitung. In Europa: Mittelmeerländer, selten bei der Katze.

Artmerkmale und Entwicklung. Die einzelligen, max. 5 µm großen (1 mm = 1000 µm) Erreger der Gattung *Leishmania* (Abb. 36) werden von abends stechenden Mükken der Gattung *Phlebotomus* (Sandmücken) mit dem Speichel übertragen und vermehren sich intrazellulär in Zellen der Haut. Durch wiederholte Zweiteilungen wird die Wirtszelle zerstört, so daß es zur Gewebeauflösung an der Stichstelle (besonders im Bereich des Nasenrückens und der

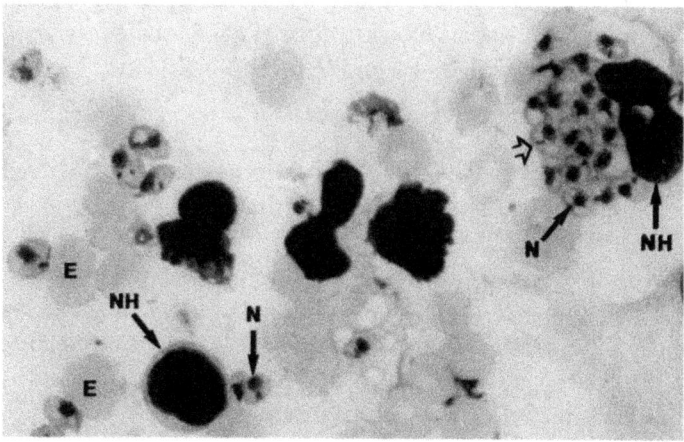

Abb. 36. Lichtmikroskopische Aufnahme von *Leishmania*-Stadien, die innerhalb (*Pfeil*) und außerhalb von Wirtszellen liegen. Giemsafärbung. E = Rotes Blutkörperchen, N = Kern des einzelligen Parasiten, NH = Kern der Wirtszelle.

Ohrmuscheln) kommt. Nimmt die Mücke beim Stich derartige Erreger auf, schließt sich der Zyklus, und es kommt in ihr zu einer Vermehrung.

Befallsmodus. Perkutan durch Stich des Vektors (Sandmücke).

Anzeichen der Erkrankung (Hautleishmaniose). Im Gegensatz zum Hund bleibt die Leishmaniose bei der Katze auf die Haut beschränkt. Die Symptome (lokale Geschwüre, eitrige Entzündungen, Pusteln, Krusten, lokaler Haarausfall) gleichen denen bei Befall mit Ektoparasiten, die daher diagnostisch ausgeschlossen werden müssen.

Gefahr für den Menschen. Gering, denn die Katze ist offenbar kein guter Reservoirwirt, von dem aus die Erreger durch die Mücken auf den Menschen gelangen könnten.

Diagnosemöglichkeiten. Mikroskopischer Nachweis der Erreger nach Ausschabung der Wundränder, Ausstrich und Färbung auf einem Objektträger. Die Parasiten werden durch ihren blauen Kern und den ebenfalls blauen Geißelansatzbereich sichtbar.

Vorbeugung. In den Urlaub mitgenommene Katzen sollten in südlichen Ländern ein Ungezieferhalsband tragen.

Behandlungsmaßnahmen. Das Immunsystem wird durch lokale Wundversorgung unterstützt. Eine medikamentöse Behandlung ist meist nicht notwendig; bei auftretenden Krankheitssymptomen kann die Gabe von Präparaten aus der Humanmedizin versucht werden.

Parasiten des Darmsystems

> *Nur der dumme Wurm krümmt sich beim Ernähren,
> während andere vom Gabentisch des Darmes zehren.*

Auch bei der Katze werden jene inneren Organsysteme am häufigsten parasitiert, zu denen am leichtesten Zugang besteht, weil sie wie Darm, Blase oder die Atemwege direkte Öffnungen ausbilden, über die Parasitenstadien den Wirt bei Bedarf auch wieder verlassen können. Nach ihrer Darstellung sollen dann (als vierter Komplex) die Parasiten des Blutes zusammengetragen werden, zumal dies die drei oben erwähnten Systeme »umspült« und somit potentiell zur Übernahme dort befindlicher Erreger befähigt ist. Den Abschluß bildet dann die Zusammenstellung der Parasiten in den übrigen Organsystemen.

Das Darmsystem beinhaltet aufgrund der spezifischen Lebensweise der Katze als »jagendes Nachttier«, das zudem manches zur Prüfung mit der Pfote berührt, die meisten Parasiten, sowohl was die Arten- als auch die Individuenanzahl betrifft. Prinzipiell können diese Darmparasiten in Einzeller- und verschiedene Wurmgruppen unterschieden werden. Zwar sind die Einzeller mit bloßem Auge nicht zu erkennen (und daher nicht unmittelbarer Stoff des Büchleins), die Leitsymptome (Durchfall = Diarrhöe) eines Befalls sind aber sehr markant und die Erkrankungen oft z. T. schwerwiegend. Da zudem in diesem Ratgeber notwendige Vorbeugemaßnahmen empfohlen werden, wurden auch die einzelligen Parasiten hier aufgenommen.

Ein Befall mit einzelligen Parasiten äußert sich stets mit dem **Leitsymptom** Durchfall (Diarrhöe), der allerdings nicht ständig auftreten muß, sondern sich auch mit Phasen der Verstopfung (Obstipation) abwechseln kann. Die einzelligen Parasiten können die Oberfläche des Darmepithels befallen oder sogar in dieses eindringen und sich dort weitgehend geschützt vermehren.

Giardia cati

> Erst träumerisch, dann literweis,
> entfloß die Diarrhöe des Katers Steiß.

Geographische Verbreitung. Weltweit, in Europa tritt ein Befall etwa bei 5 % der jüngeren Katzen auf; bei dichter Tierhaltung kann die Rate gelegentlich bis auf 50 % steigen.

Artmerkmale und Entwicklung. Giardia cati (syn. G. felis) der Katze ist offenbar identisch mit der Art des Menschen (G. lamblia) oder zumindest sehr ähnlich (s. Abb. 37 C). Bei diesen Parasiten handelt es sich um Einzeller, die durch zwei Kerne und zwei spiegelbildlich angeordnete Sätze von 4 Geißeln ausgezeichnet sind (s. Abb. 37 A), was der ganzen Gruppe den Namen »Doppelgeißler« («Diplomonadida») eingetragen hat. Der einzelne Erreger erscheint in der Aufsicht birnen- bis tropfenförmig, in der Seitenansicht uhrglasförmig und erreicht eine Länge von max. 0,017 mm (= 17 µm). Diese sog. vegetativen (= ungeschlechtlichen) Stadien (= Trophozoiten, Nährtiere) heften sich mit der Bauchseite auf den Epithelzellen im Dünn- und Dickdarm der Katze an, fressen Darminhalt und vermehren sich durch wiederholte Längsteilungen. In Nähe des Enddarms scheiden die vegetativen Stadien eine Zystenwand ab und werden so zur Zyste. In der Zyste (s. Abb. 37 B) erfolgt noch eine Kernteilung, so daß die eiförmigen Zysten schließlich etwa max. 0,015 × 0,01 mm (15 × 10 µm) messen. Diese werden mit den Fäzes ausgeschieden und sind im Freien bei

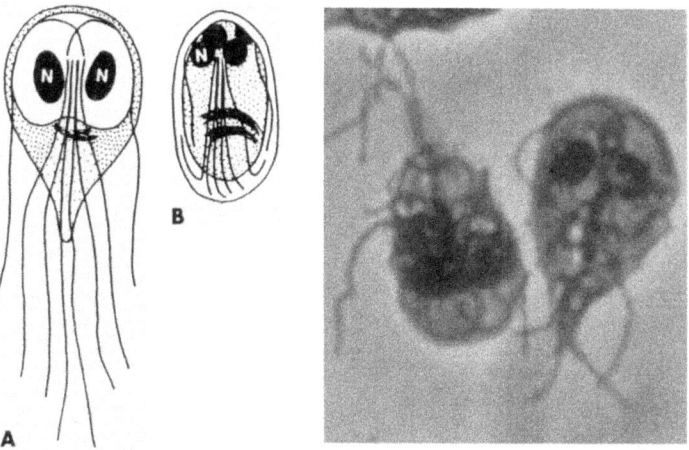

Abb. 37. Schematische Darstellung der Ventralansicht eines Trophozoiten (**A**) und einer Vierkern-Zyste (**B**), sowie eine lichtmikroskopische Aufnahme (**C**) zweier Trophozoiten. Charakteristisch ist für *Giardia* der Besitz zweier Kerne (= N) sowie die Ausbildung der 8 langen Geißeln zur Fortbewegung.

entsprechenden Temperaturen für Wochen lebensfähig. Die orale Aufnahme der Zysten (die Verschleppung durch Fliegen und Vögel (!) ist möglich) schließt den Zyklus und nach etwa 5 bis 16 Tagen setzt die Aussscheidung neuer Zysten mit den Fäzes ein.

Befallsmodus. Oral, durch Aufnahme von Zysten aus dem Kot, z. B. beim Lecken des Fells infizierter Tiere.

Anzeichen der Erkrankung (Giardiose). Starker Befall mit schweren Krankheitssymptomen tritt vorwiegend nur bei Jungtieren unter einem Jahr oder bei immungeschwächten Tieren auf. Alte Katzen können zwar Zystenausscheider sein, zeigen aber dann meist keine Symptome. Leitsymptom der Erkrankung ist wiederholt auftretender Durchfall von schleimiger Konsistenz (gelegentlich mit Blutbeimengung).

Diese Diarrhöen können für 1–20 Wochen anhalten und führen ohne Behandlung zu genereller Austrocknung mit Gewichtsverlusten und Mattigkeit des Tieres, zumal die Nährstoffaufnahme massiv gestört ist. Fieber tritt im Regelfall allerdings nicht auf.

Infektionsgefahr für den Menschen. Besteht, da es sich bei der Katze offenbar um die gleiche Art wie beim Menschen handelt, wie neuere Untersuchungen des Erbmaterials der Parasiten andeuten. Daher ist insbesondere für Kleinkinder Vorsicht im Umgang mit kranken Katzen geboten.

Diagnosemöglichkeit. Mikroskopischer Nachweis der Zysten in den Fäzes. Allerdings setzt die Zystenausscheidung meist erst Tage nach dem Auftreten der Durchfälle ein.

Vorbeugung. Schnelle Entsorgung und Reinigung mit heißem Wasser von Katzentoiletten, um Selbstinfektionen der Katze und Verschleppung durch Fliegen zu vermeiden. Menschen sollten Kontakt zu streunenden Katzen im Urlaub meiden. Katzenzwinger sollten mit heißem Dampfstrahl oder Desinfektionsmitteln (z. B. Chevi 75, P3-incicoc, Club-TGV anticoc) regelmäßig gereinigt werden.

Behandlungsmaßnahmen. Als Mittel der Wahl gilt in schweren Fällen die Wirksubstanz Metronidazol (z. B. Clont®, Elyzol®, Flagyl®) aus der Humanmedizin in oralen Dosen von 25 mg pro kg Körpergewicht (zweimal täglich für 5–10 Tage) bei evtl. Wiederholung der Kur.

Toxoplasma gondii

> *Fritz, the happy cat,*
> *wurde von wilden Mäusen fett,*
> *doch die hatten Toxoplasmose;*
> *aus war bald die Chose,*
> *denn Zysten im Hirn*
> *machten ihm weich die Birn.*

Geographische Verbreitung. Weltweit bei allen Katzenartigen. Freilaufende Katzen sind in max. 6 % aller Fälle Ausscheider von Erregern. Mehr als die Hälfte aller Tiere war offenbar irgendwann einmal infiziert, oder alle Tiere sind ständig in so geringem Maß infiziert, daß dies mit den üblichen Methoden nicht nachweisbar ist.

Artmerkmale und Entwicklung. Katzenartige sind die alleinigen Endwirte dieses bereits 1908 entdeckten, einzelligen Erregers, dessen vollständiger Lebenszyklus (s. Abb. 2) aber erst seit 1969 bekannt ist. Die Katze scheidet mit dem Kot eiförmige, farblose Dauerstadien aus, die als Oozysten bezeichnet werden und etwa 12 × 10 µm (1 mm = 1000 µm) messen (s. Abb. 38 B, C). Im Freien entwickln sich binnen 2–4 Tagen in diesen Dauerstadien, aufgrund derer dieser Parasit zu der Einzellergruppe der Coccidien (Gruppe der sog. Sporozoa = Sporentierchen) gezählt wird, zwei kleinere Zysten (= Sporozysten) mit je 4 infektiösen Stadien (= Sporozoiten). Diese Oozysten sind nun ihrerseits wiederum infektiös für die Endwirte Katzen, aber auch für Zwischenwirte wie Mäuse, Schweine oder den Menschen. In den Zwischenwirten entwickeln sich die im Schema (s. Abb. 3.6) und im Bild auf der Seite 33 dargestellten Gewebezysten, die wiederum für die Katze infektiös sind.

Nimmt die Katze dagegen Oozysten aus eigenen oder fremden Fäzes auf, kommt es in ihrem Körper ebenfalls zu-

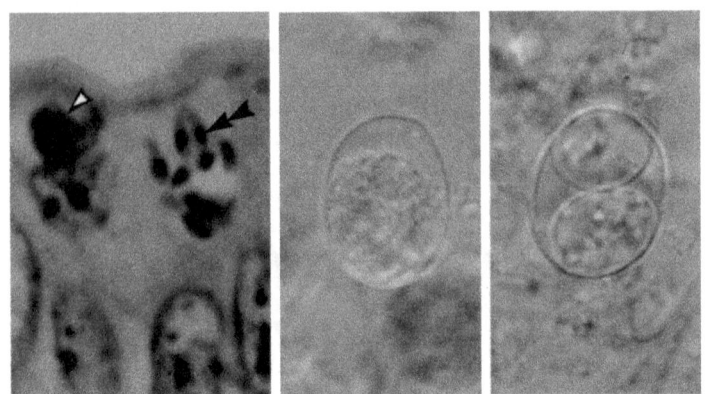

Abb. 38. *Toxoplasma gondii*; lichtmikroskopische Aufnahmen. **A.** Schnitt durch den Katzendarm mit geschlechtlichen (Gamonten, *Pfeil*) und ungeschlechtlichen (Schizont mit Merozoiten, *Doppelpfeil*) Stadien. **B.** Oozyste in frischem Kot. **C.** Oozyste mit zwei Sporozysten und den darin eingeschlossenen infektiösen Stadien (Sporozoiten), nachdem der Kot für 2–3 Tage im Freien bei ausreichender Feuchte lagerte.

nächst zur Gewebezystenbildung (wie in Zwischenwirten). Später wandern aber bestimmte Stadien wieder in den Darm zurück und es erfolgt in Darmepithelzellen eine ungeschlechtliche Vermehrung, bei der drei Generationen von sog. Schizonten (= vielkernige Mutterzellen) zahlreiche Merozoiten produzieren, die wiederum in Epithelzellen eindringen und dort zu weiteren Schizonten oder später zu geschlechtlichen Stadien heranreifen (s. Abb. 38 A). Durch Verschmelzung von männlichen mit weiblichen Geschlechtszellen (Gameten) entsteht ein neues Individuum (Zygote), das sich mit einer Wand umgibt und als Oozyste bezeichnet wird. Während dieser Entwicklung wird die jeweilige Wirtszelle zerstört, und die Oozyste gelangt dann mit den Fäzes ins Freie. Die gesamte Entwicklung im Katzendarm dauert bei dieser Infektionsform 21–41 Tage, und es werden für max. 2 Wochen derartige Oozysten abgesetzt (s. Abb. 38 B).

Erfolgt die Infektion der Katze dagegen mit Gewebezysten aus Zwischenwirten, unterbleibt in ihr die Vermehrung in den darmfernen Geweben, sondern es wird gleich die Entwicklung im Darmepithel eingeleitet, so daß die Katze dann bereits nach 3–9 Tagen Oozysten ausscheiden kann. Derartige Dauerstadien sind gegen Umwelteinflüsse ungemein widerstandsfähig, überdauern im Freien Zeiträume von 1–2 Jahren problemlos und sind gegen faktisch alle normalen Desinfektionsmittel widerstandsfähig. Nach einer einmaligen Infektion der Katze ist sie weitestgehend immun gegen eine Neuinfektion, so daß im Regelfall meist nur sehr junge Katzen als Ausscheider im großen Maße Bedeutung haben. Allerdings kann ab und zu spontan eine Ausscheidung geringer Mengen von Oozysten erfolgen. Wie beim Menschen (s. S. 34) können Toxoplasmose-Erreger auch auf den heranwachsenden Katzenfoetus übertreten und dort zu Schädigungen führen.

Befallsmodus der Katze. Oral durch Verzehr von Zwischenwirten mit Gewebezysten (z. B. Mäuse, rohes Schweine-, Schaffleisch) oder durch Aufnahme von Oozysten aus den Fäzes anderer Katzen. Die konnatale Infektion (s. Abb. 3) junger Katzen ist ebenfalls möglich. Die Infektion der Katze über Oozysten ist offenbar seltener als die über Gewebezysten. Dies gilt auch für den Menschen (s. S. 34). Insekten können zudem die relativ kleinen Oozysten auf die Nahrung der Katze und des Menschen verschleppen (s. Abb. 38 C).

Anzeichen der Erkrankung bei der Katze (Toxoplasmose). Die Toxoplasmose bei der Katze verläuft im Regelfall nahezu symptomlos; nur relativ selten kommt es zu Durchfall. Lediglich die im Uterus übertragenen Erreger können bei neugeborenen Tieren zu ähnlich schweren Symptomen wie beim Menschen führen. Zu einer Erkrankung kommt es häufig auch bei Katzen, deren Immunsystem durch andere Erkrankungen geschwächt ist.

Infektionsgefahr für den Menschen. Besteht; die Möglichkeit der Infektion und das daraus erwachsende Gefährdungspotential sind auf S. 32 ff. dargestellt.

Diagnosemöglichkeiten bei der Katze. Mikroskopischer Nachweis der Oozysten in den Fäzes. Sie sind allerdings nur schwer von denen einer Reihe anderer Coccidien zu unterscheiden. Ob eine Infektion der Katze vorlag, kann auch durch die serologische Bestimmung von Antikörpern in ihrem Blut festgestellt werden. Eine seronegative, schwangere Frau (sie hatte noch keine *Toxoplasma*-Infektion) kann somit das Risiko einschätzen, das von ihrer Katze ausgeht.

Vorbeugung. Verfütterung von gekochtem Futter, tägliche Reinigung der Katzentoiletten mit heißem Wasser, insbesondere wenn Schwangere oder immungeschwächte Personen zum Haushalt gehören. Folgende spezielle Desinfektionsmittel eignen sich wegen ihrer Wirkung auf Coccidien: Chevi 75 (Fa. Chevita, Pfaffenhofen – 5 % für 2,5 Stunden), Club-TGV-anticoc (Fa. Club Kraftfutter, Hamburg – 5 % für 2,5 Stunden), Lysococ® (Fa. Schülke und Mayr, Hamburg – 4 % für 0,5 Stunden) und P3-incicoc (Fa. Henkel, Düsseldorf – 5 % für 2,5 Stunden).

Behandlungsmaßnahmen. Als Mittel der Wahl hat sich gegen die Stadien im Darm das Präparat Baycox® in einer täglichen Dosis von 5 mg pro kg Körpergewicht erwiesen. Es kann als Dauermedikation im Futter eingesetzt werden und unterdrückt nahezu völlig die Oozystenausscheidung. Die Toxoplasmose als akute Erkrankung mit schwerem Organbefall kann durch die vom Tierarzt verordnete, zwei Wochen andauernde Gabe von Sulfonamiden (z. B. Sulfamethazin 100 mg/kg) oder Antibiotika (z. B. Clindamycin 5 mg/kg) bekämpft werden.

Cystoisospora-Arten

> *Ein Aristocat spricht von Diarrhöe,*
> *tut ihm der Bauch vom Durchfall weh.*

Geographische Verbreitung. Weltweit, häufig bis 5 % aller Tiere sind Ausscheider.

Artmerkmale und Entwicklung. Bei der Katze treten zwei Arten dieser Gattung auf, die früher lediglich als *Isospora* bezeichnet wurde.
- *C. felis*: Oozystengröße: 39–48 × 23–37 µm;
- *C. rivolta*: Oozystengröße: 22–30 × 21–27 µm.

Beide Arten parasitieren in der Katze vorwiegend in Epithelzellen des Dünndarms [*C. rivolta* zusätzlich im Blind- und Dickdarm, wo sie ihre ungeschlechtlichen (Schizogonie, s. Abb. 38 A) und geschlechtlichen Vermehrungsphasen (Abb. 39)] durchlaufen. Die Entwicklung endet mit der Ausscheidung von Oozysten, die im Freien in 1–4 Tagen jeweils 2 Sporozysten mit je 4 infektiösen Stadien (Sporozoiten) ausbilden (Abb. 40). Werden diese reifen Oozysten von der gleichen oder anderen Katzen aufgenommen, wiederholt sich der Zyklus, und in 5–8 Tagen (artspezifisch) tauchen neue Oozysten in den Fäzes auf. Werden solche Oozysten dagegen von Zwischenwirten wie Nagern, Rindern, Schafen aufgenommen, so dringen die im Darm geschlüpften Sporozoiten in darmferne Zellen ein und warten dort (evtl. 1–2 Jahre) ab, bis sie wieder in die Katze gelangen, um dort den Coccidienzyklus mit den drei Vermehrungsphasen Schizo-, Gamo- und Sporogonie im Darm einzuleiten und in 4–7 Tagen mit der Bildung und Ausscheidung neuer Oozysten zu beenden. Somit weist dieser Zyklus einen Endwirt (Katze) und eine Reihe fakultativer (= nicht unbedingt notwendiger) Zwischenwirte (Nager, Rinder) auf.

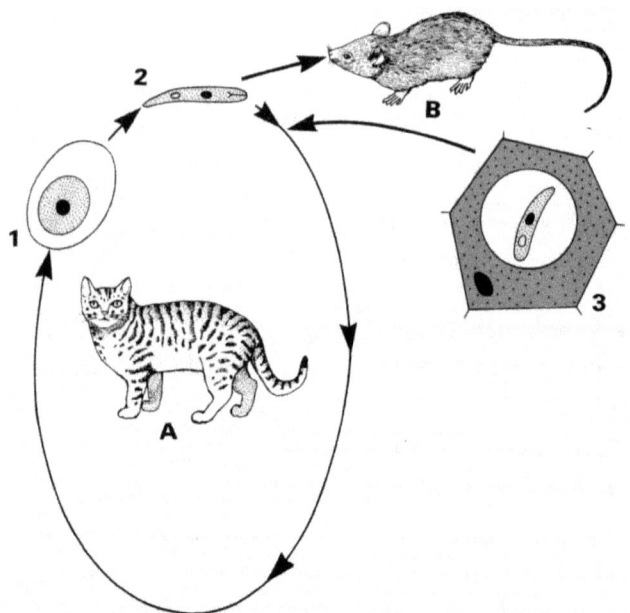

Abb. 39. Schematische Darstellung des Lebenszyklus von *Cystoisospora* felis. *1.* Im Darm des Endwirtes Katze (**A**) laufen eine ungeschlechtliche und geschlechtliche Vermehrung ab. Letztere endet mit dem Ausscheiden von Oozysten (*1*), in denen im Freien die in Abb. 40 B, C dargestellten Sporozysten mit 4 infektiösen Sporozoiten heranreifen. *2.* Nimmt die Katze solche Oozysten und Sporozysten oral auf, wiederholt sich der Zyklus in ihrem Darmepithel, in das ein Sporozoit (*2*) eindringt. Nimmt dagegen ein Zwischenwirt (z. B. Mäuse, Rinder etc. **B**) Oozysten auf, so dringen die Sporozoiten in Körperzellen (*3*) ein. *3.* In Körperzellen des Zwischenwirtes liegen die Sporozoiten in Vakuolen und können mehr als 1 Jahr infektiös bleiben. Werden sie mit rohem Fleisch von der Katze gefressen, wiederholt sich in deren Darm der Entwicklungszyklus.

Befallsmodus. Oral durch Aufnahme von Oozysten aus Katzenfäzes oder Sporozoiten in rohem Fleisch von Zwischenwirten. Eine mehrfache Infektion ist möglich, führt aber nur zu geringgradiger Ausscheidung.

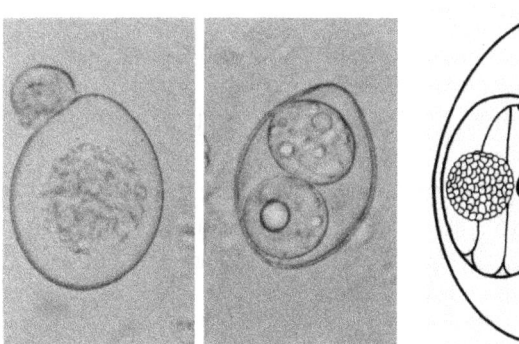

Abb. 40. Lichtmikroskopische (**A, B**) und schematische Darstellungen (**C**) von Oozysten der Kokzidienart *Cystoisospora felis*. **A.** Oozyste in frischem Kot. **B.** Oozyste in älterem Kot. **C.** Oozyste wie in Abb. **B.** zeigt zwei Sporozysten mit je 4 infektiösen Sporozoiten sowie einen körnigen Restkörper. Der Kern der Sporozoiten ist als schwarzes Oval dargestellt.

Anzeichen der Erkrankung (Coccidiose). Insbesondere bei Jungtieren oder immungeschwächten Katzen kann es bei Apathie und Freßlust zu starkem Durchfall (Diarrhöen) von flüssig-schleimiger Konsistenz und blutigen Beimengungen kommen. Ohne Behandlung tritt gelegentlich infolge extremer Austrocknung, Schwächung und evtl. bakterieller Sekundärinfektion der Tod ein. Ältere Katzen zeigen dagegen häufig nur geringgradige Symptome wie leichtere Durchfälle, Apathie, Mattigkeit, die zudem nach einer Woche abklingen. Bei einer Zweit- oder nachfolgender Infektion sind die Symptome generell leichter.

Infektionsgefahr für den Menschen. Vermutlich ist keine Gefährdung gegeben, obwohl die Auswirkungen nach Verzehr der z. B. in Rindern befindlichen Wartestadien noch unbekannt sind.

Diagnosemöglichkeiten. Mikroskopischer Nachweis der Oozysten in den Fäzes der Katze.

Vorbeugung. Tägliche Reinigung der Katzentoiletten mit heißem Wasser; keine Verfütterung von rohem Fleisch. Reinigung von Zwingern mit Dampfstrahl oder speziellen Desinfektionsmitteln (s. Toxoplasmose, S. 124).

Behandlungsmaßnahmen. Als Mittel der Wahl kann Toltrazuril (Baycox®) gelten, das in einer Tagesdosis von 5 mg pro kg Körpergewicht für 5 Tage im Futter verabreicht werden sollte.

Sarcocystis-Arten

> *Das Fleisch muß noch nicht riechen,*
> *wenn Sarkos in ihm kriechen.*

Geographische Verbreitung. Weltweit, bis 17 % aller Katzen sind Ausscheider.

Artmerkmale und Entwicklung. Bei der Katze treten folgende Arten auf:
- *S. bovifelis* (Zyklus zwischen Katze und Rind),
- *S. ovifelis* (Zyklus zwischen Katze und Schaf),
- *S. muris* (Zyklus zwischen Katze und Maus),
- *S. cuniculi* (Zyklus zwischen Katze und Kaninchen),
- *S. cymruensis* (Zyklus zwischen Katze und Ratte).

Die Entwicklung (Abb. 41) verläuft im Endwirt Katze zunächst als geschlechtliche Phase (Gamogonie) und nach einer ungeschlechtlichen Sporogonie tauchen in den Fäzes sporulierte Oozysten (mit Sporozysten, Abb. 42 A) auf. Werden diese von den oben genannten Zwischenwirten oral aufgenommen, so entstehen in deren Muskulatur schließlich Gewebezysten mit infektiösen Zystenmerozoiten. Frißt die Katze derartige Zysten mit rohem Fleisch, so leiten diese Zystenmerozoiten die geschlechtlichen Prozesse im Katzendarm ein, indem sie in Wirtszellen eindringen und sich dort zu männlichen oder weiblichen Geschlechtsstadien umwandeln. Der Entwicklungszyklus verläuft somit obligat zwischen diesen beiden Wirtstypen Katze (Räuber) und Beutetier (s. o.).

Befallsmodus bei der Katze. Oral durch Verzehr rohen Fleisches mit Gewebezysten.

Anzeichen der Erkrankung (Sarkosporidiose, Sarcocystiose). Bei starkem Befall treten für 24 Stunden starke Durchfälle mit Krämpfen auf; geringer Befall bleibt symptomlos.

Infektionsgefahr für den Menschen. Keine.

Diagnosemöglichkeit. Mikroskopischer Nachweis der in den Fäzes bereits ausgereiften Oozysten (dies steht im Gegensatz zu *Toxoplasma gondii*, wo erst nach Lagerung über 2–3 Tage im Freien die infektiösen Stadien ausgebildet werden).

Vorbeugung. Keine Verfütterung von rohem Fleisch; Vernichtung der Oozysten in den Fäzes durch Dampfstahlgeräte bzw. spezielle Desinfektion (s. S. 124), da sonst die Zwischenwirte (etwa auf Bauernhöfen) infiziert werden und schwer erkranken können.

Behandlungsmaßnahmen. Bei der Katze ist eine Behandlung nicht notwendig; bei extremem Durchfall sollte dieser medikamentös bekämpft werden.

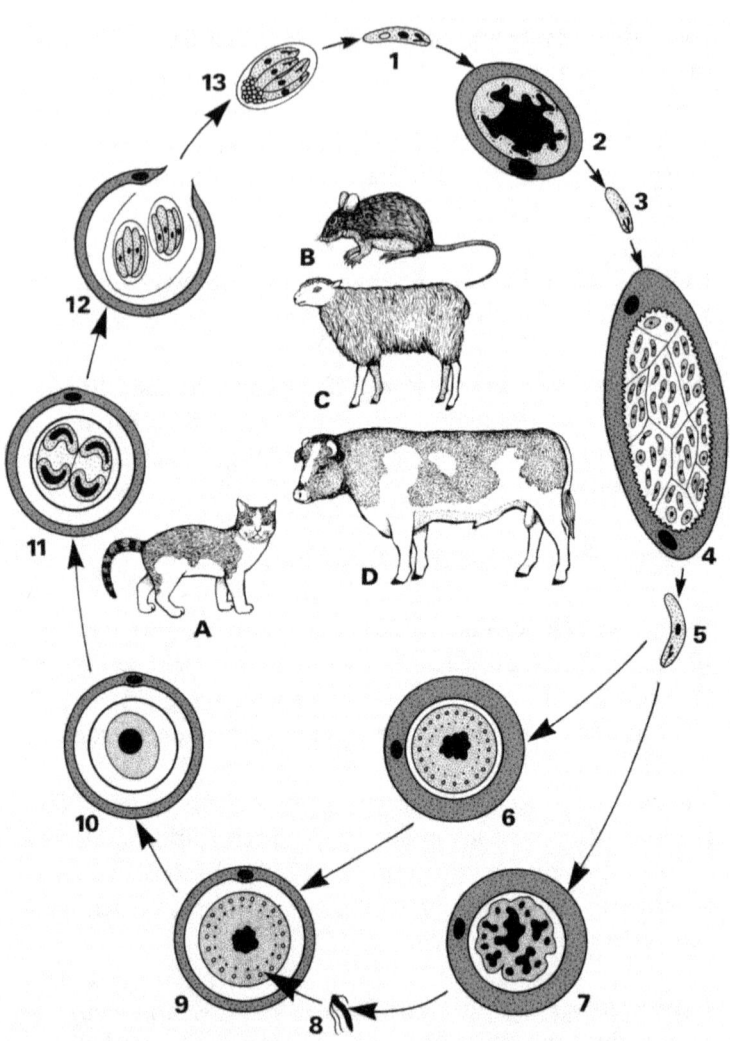

130

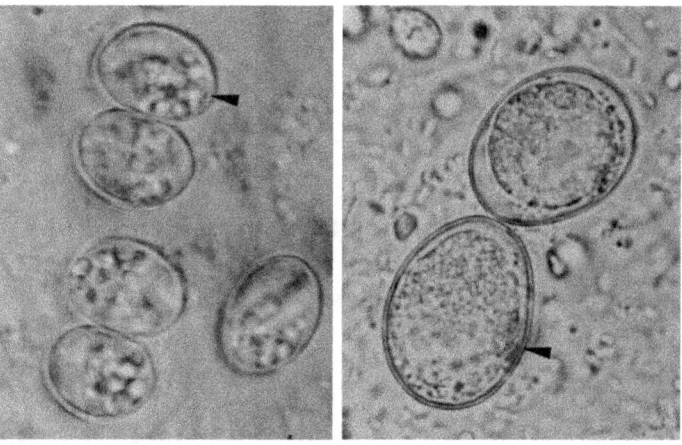

◀ **Abb. 42.** Lichtmikroskopische Aufnahmen von Oozysten und Sporozysten der Gattung *Sarcocystis* (**A** – der *Pfeil* zeigt auf eine Oozyste) und *Cystoisospora* (**B**, ungefärbt) in frischem Kot: Bei *Sarcocystis* sind die Sporozysten dann bereits ausgebildet.

Abb. 41. Schematische Darstellung des Lebenszyklus von *Sarcocystis*-Arten, die als Endwirt die Katze (**A**) haben. Zwischenwirte (**B–D**) sind für *S. muris* die Maus (**B**), für *S. ovifelis* das Schaf (**C**) und für *S. bovifelis* das Rind (**D**). *1.* Die Infektion der Zwischenwirte beginnt mit der oralen Aufnahme von Sporozysten mit 4 Sporozoiten. *2.* Im Endothel (gefäßauskleidende Schicht) der Zwischenwirte treten im ersten Monat nach der Infektion ungeschlechtliche Vermehrungsprozesse in sog. Schizonten auf. *3.* Merozoit (aus einem Schizont). *4.* Ab dem 2. Monat nach der Infektion kommt es zur Bildung von Gewebezysten in der Muskulatur. Im Innern entstehen durch Zweiteilungen sog. Zystenmerozoiten (*5*). *5.* Zystenmerozoit. *6./7.* Wird zystenhaltiges Fleisch von der Katze gefressen, dringen Zystenmerozoiten (*5*) in deren Darm in die Zellen der Darmwand ein und werden dort zu weiblichen (*6*) oder männlichen Gamonten (Vorstufen). *8./9.* Aus dem männlichen Gamonten schnüren sich viele begeißelte Gameten ab, von denen je einer ein weibliches Stadium befruchtet. *10.* Die Zygote = junge Oozyste liegt noch in der Darmzelle. *11./12.* Im Innern der Oozyste entstehen noch im Darm zwei Sporozysten mit je vier Sporozoiten (*13*). Parasiten (*gelb*), Wirtszellen (*rot*), Kerne (*schwarz*).

Cryptosporidium-Arten

*Cryptos im Darm,
bringen Pein und Harm.*

Geographische Verbreitung. Weltweit.

Artmerkmale und Entwicklung. Bei jungen bzw. immungeschwächten Katzen treten zwei Arten der Gattung *Cryptosporidium* auf (Abb. 43 A):

- *C. parvum* (Oozysten: 4–6 µm), vorwiegend bei Rindern, aber auch bei der Maus und dem Menschen.
- *C. muris* (Oozysten, 8 µm), vorwiegend bei Mäusen (Mensch?).

Die gesamte Entwicklung mit geschlechtlichen und ungeschlechtlichen Prozessen findet auf den Epithelzellen des Darms statt und endet nach 2–14 Tagen mit der Ausscheidung (für bis zu 5 Wochen) von sehr kleinen Oozysten, die vier infektiöse Sporozoiten enthalten. In gesunden Tieren erfolgt nur eine geringe Vermehrung, während es bei immungeschwächten Katzen zu einer Massenanhäufung infolge von wiederholter Selbstinfektion kommen kann.

Befallsmodus. Oral durch Aufnahme von Oozysten aus den Fäzes von infizierten Wirten bzw. beim Verzehr von Mäusen.

Anzeichen der Erkrankung (Kryptosporidiose). Bei gesunden Katzen bleibt ein Befall meist unbemerkt; junge bzw. immungeschwächte Tiere können dagegen durch heftige, wässrige, für Wochen anhaltende Durchfälle geschwächt werden.

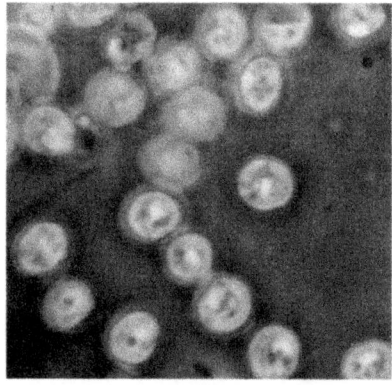 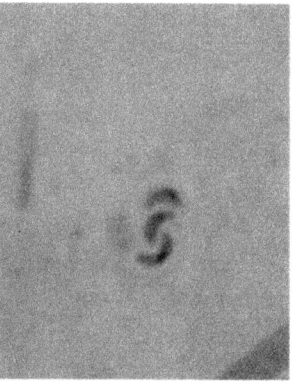

Abb. 43. *Cryptosporidium* sp.; lichtmikroskopische Aufnahmen von ungefärbten Oozysten/Sporozysten (**A**) in Fäzes (nach Anreicherung) und von Sporozoiten im Giemsa-gefärbten Ausstrich (**B**).

Infektionsgefahr für den Menschen. Besteht nur für immungeschwächte Menschen (z. B. AIDS-Patienten, Personen unter Cortisonbehandlung, Säuglinge). Bei gesunden Menschen entwickelt sich der Erreger nur in geringem Ausmaß.

Diagnosemöglichkeiten. Mikroskopischer Nachweis der sehr kleinen Oozysten im Katzenkot.

Vorbeugung. Eine Infektion der Katze kann kaum verhindert werden. Immungeschwächte Personen sollten Kontakt zu Katzen vermeiden (s. auch Toxoplasmose, S. 32 ff.).

Behandlungsmaßnahmen. Eine befriedigende Chemotherapie gibt es weder für Katzen, andere Tiere noch für den Menschen. Es müssen daher die Auswirkungen des durchfallbedingten Salz- und Wasserverlustes durch geeignete Maßnahmen bekämpft werden (z. B. Darmberuhigung, Wasser- und Elektrolytzufuhr, Stärkung des Immunsystems etc.).

Darm- und Leberegel

Sitzt im Darm oder Leber der Egel,
wird der Leibschmerz zur Regel.

Geographische Verbreitung. Weltweit, besonders in Küstengebieten der Ostsee, in Nähe von Binnenseen bzw. ausgedehnten Flußläufen (u. a. Delta), in Fischzuchtteichen.

Artmerkmale und Entwicklung. Im Gallengang oder im Darm von Katzen können einige Arten der sog. Saugwürmer (Trematoden) parasitieren. Diese zwittrigen, sog. Darm- bzw. Leberegel sind jeweils durch einen Mund- und einen Bauchsaugnapf charakterisiert. Die Häufigkeit ihres Auftretens bei Katzen ist (wegen der Einbindung von Fischen in ihren Lebenszyklus) abhängig von der Möglichkeit des Verzehrs von rohem, infizierten Fischfleisch. Daher ist der Befall von Katzen im Binnenland naturgemäß seltener als in küstennahen Gebieten bzw. in Nähe von Flußläufen. In Asien, wo es zur Küchentradition gehört, daß der Mensch rohen Fisch verzehrt, sind demgemäß auch derartige Egel bei Katzen häufig. In Mittel- und Südeuropa finden sich bei Katzen im wesentlichen folgende Arten (neben einigen anderen) mit einer gewissen Häufigkeit:

– *Opisthorchis felineus* (syn. *O. tenuicollis*). Die lanzettförmigen, adulten Würmer sitzen in Gallengängen und werden 7–12 mm lang und etwa 3 mm breit (vergl. Abb. 44 B). Die Hoden liegen im hinteren Bereich (*griech.* Name: Hinterhoder). Die gedeckelten Eier werden max. 30 × 15 µm groß und sind im Kot anzutreffen. Erste Zwischenwirte sind Wasserschnecken (Gatt. *Bythinia*), zweite sind karpfenartige Fische (z. B. Plötze, Schleie, Döbel). Die Infektion erfolgt durch die Aufnahme von sog. Metazerkarien im Fischfleisch.

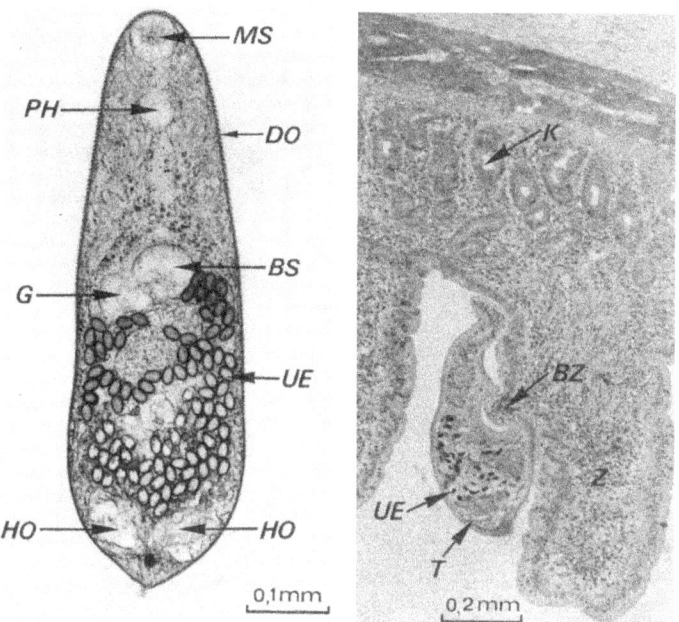

Abb. 44. Lichtmikroskopische Aufnahmen der Bauchseite des Leberegels *Heterophyes* sp. (**A**) und eines Schnittes durch einen Darmegel *(Opisthorchis felineus)* (**B**), der sich mit seinem Bauchsaugnapf an Darmzotten festgesogen hat. BS = Bauchsaugnapf, BZ = Zotte, von BS angesogen, DO = Hautdornen, G = Genitalöffnung, HO = Hoden, K = Darmkrypte (= Einfaltung), MS = Mundsaugnapf, PH = Schlund, T = geschlechtsreifer Egel, UE = Uterus mit Eiern, Z = Darmzotte.

– *Heterophyes heterophyes.* Dieser auch beim Menschen auftretende, mit oberflächigen Dornen versehene Egel wird nur bis 2 mm lang (s. Abb. 44 A) und ist in Südeuropa relativ häufig bei Katzen (bis 16 % befallen) im Gallengang anzutreffen. Die sehr kleinen Eier (30 × 18 μm) werden mit dem Kot frei. Erste Zwischenwirte sind Wasserschnecken, zweite sind Süß- und Brackwasserfische, in denen schließlich die Infektionslarve (Metazerkarie) heranreift.

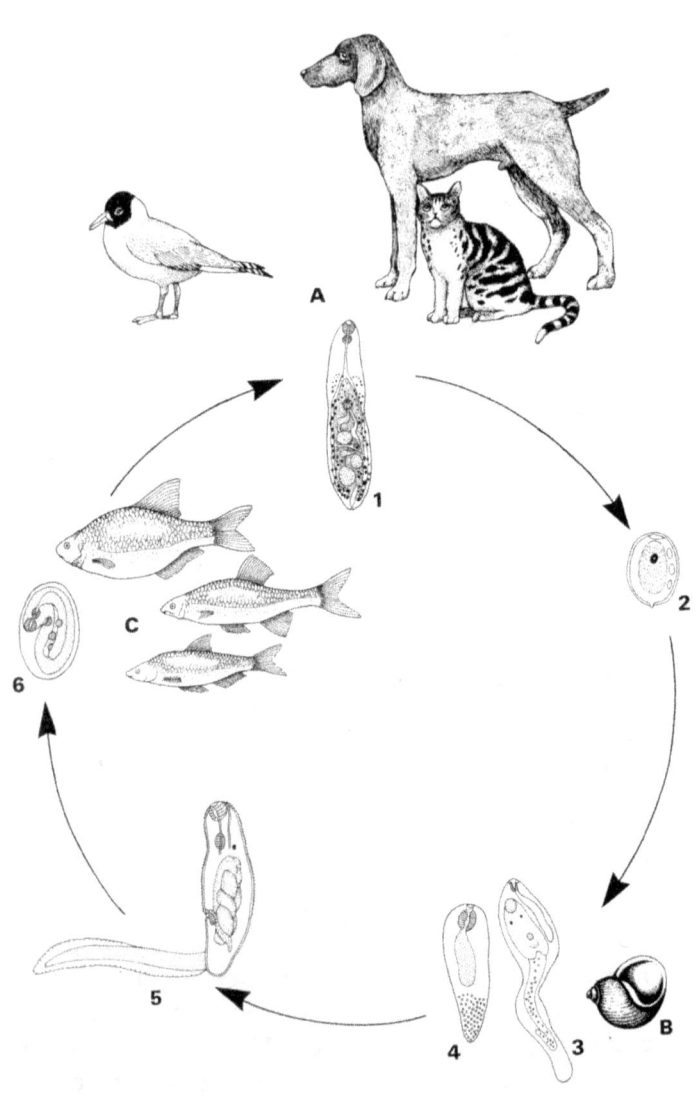

136

- *Apophallus mühlingi.* Dieser etwa 1,5 mm lange Egel (s. Abb. 45.1) lebt im Dünndarm der Katze, aber auch bei Seevögeln. Erste (Wasserschnecken) und zweite Zwischenwirte (Fische) sind daher an die entsprechenden Küsten- bzw. Seengebiete gebunden. Der Entwicklungszyklus, der prinzipiell dem aller hier zitierten Egel gleicht, ist in Abb. 45 dargestellt.
- *Echinostomatiden.* Hierbei handelt es sich um 5–8 mm lange Darmegel, die am Vorderende einen stachelbewehrten, zum Festhalten dienenden Kragen besitzen. Die Spektren der Zwischen- und Endwirte gleichen denen der o. g. anderen Arten.

Befallsmodus. Fressen von Infektionslarven (Metazerkarien) in rohem Fischfleisch.

Anzeichen der Erkrankung. Schwacher Befall bleibt häufig symptomlos, starker Befall kann wegen Störungen der Leber- oder der Darmfunktion zu Appetitlosigkeit, Erbrechen, Durchfall, Gelbsucht, Anämie oder zu Oedemen führen.

Infektionsgefahr für den Menschen. Die von der Katze mit dem Kot ausgeschiedenen Egeleier gefährden den Men-

◀ **Abb. 45.** Schematische Darstellung des Entwicklungszyklus des Darmegels *Apophallus mühlingi*. 1. Adulte Würmer leben im Darm von fischfressenden Wirten (**A**). 2. Mit dem Kot werden gedeckelte Eier frei. Die im Ei entwickelte, bewimperte Larve (Miracidium) wird im Wasser frei und dringt in den 1. Zwischenwirt (**B** = Wasserschnecken) ein. 3.–5. Über Vermehrungsphasen in der Schnecke entstehen schließlich zahlreiche geschwänzte, infektiöse Larven (5) = sog. Zerkarien, die – sobald sie wieder ins Wasser gelangt sind – in Fische (= 2. Zwischenwirt **C**) eindringen. 6. Im Fisch entzystieren sich die Zerkarien zu Dauerstadien (Metazerkarien), die bei oraler Aufnahme durch die Endwirte (**A**) in deren Darm zum geschlechtsreifen zwittrigen Wurm (1) heranwachsen.

schen nicht. Er infiziert sich – wie die Katze – durch Genuß von rohem Fisch.

Diagnosemöglichkeit. Auffinden der im Kot ausgeschiedenen adulten, toten Egel (Lebenszeit etwa 3 Monate) bzw. mikroskopischer Nachweis der sehr kleinen, gedeckelten Eier im Kot (s. Abb. 71).

Vorbeugung. Keine Verfütterung von rohem Fisch.

Behandlungsmaßnahmen. Die medikamentöse Behandlung mit Praziquantel (Droncit®) – bei zweimaliger Gabe (an aufeinanderfolgenden Tagen) von 50 mg pro kg Körpergewicht hat sehr gute Erfolge gezeigt.

Fischbandwurm (*Diphyllobothrium latum*)

Auch wenn der Fisch roh noch so lecker schmeckt,
der Wurm in seinem Fleische steckt.
Drum laß Dir raten,
genieß ihn nur gebraten.

Geographische Verbreitung. Ostseeküsten, Binnenseegebiete Europas; bei Katzen sehr selten.

Artmerkmale und Entwicklung. Dieser Wurm wird in Katzen etwa 1–2 m lang und ist durch Proglottiden gekennzeichnet, die breiter als lang sind (Abb. 46, 47) und 1,2 cm × 3 mm Größe erreicht. Sie werden oft täglich – häufig zu mehreren aneinanderhängend im Kot – angetroffen (s. Abb. 46). Sie sind leer, d. h. die Eier werden über eine Uterusöffnung bereits im Darm abgegeben. Diese gedeckelten, etwa 60 × 40 µm messenden Eier enthalten in den Fäzes noch keine Larve. Gelangen sie jedoch ins Wasser, so

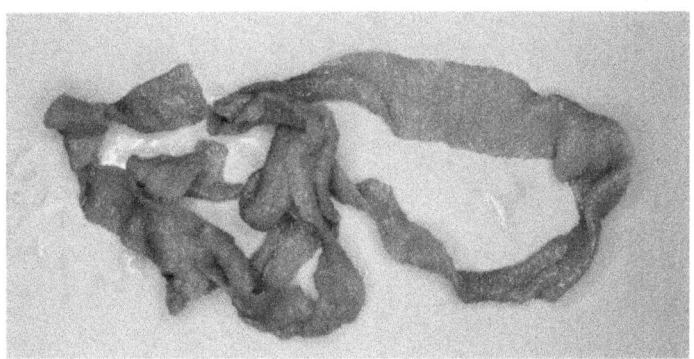

Abb. 46. Makroskopische Aufnahme des Hinterendes eines Fischbandwurms (*Diphyllobothrium latum*) in Originalgröße. Die einzelnen Endglieder (= Proglottiden) sind breiter als lang.

bildet sich in ihnen (s. Abb. 47.3) eine schwimmfähige Larve (sog. Coracidium), die von Kleinkrebsen gefressen wird und sich in deren Leibeshöhle zur sog. Procercoid-Larve weiterentwickelt. Wird sie von Fischen des Süß- oder Brackwassers aufgenommen, wächst diese Procercoid-Larve in deren Muskulatur zur infektionsfähigen, bis 15 cm langen Plerocercoid-Larve (sog. Sparganum) heran. Frißt eine Katze eine derartige Larve, so entwickelt sich in 2–6 Wochen der adulte, zwittrige Bandwurm, bei dem zunächst die männlichen Geschlechtsorgane in den vorderen Proglottiden reifen und später erst die weiblichen in den hinteren. Üblicherweise befruchten die vorderen männlichen die hinteren weiblichen, da meist nur ein Wurm – dann stets gefaltet – im Darm auftritt. Mit Hilfe von zwei länglichen Sauggruben (Bothrien) hält er sich an der Darmwand fest. Aus der Zone unmittelbar hinter dem nur 1–2 mm großen, sauggrubenbewehrten Kopf (Skolex) sprießen die Proglottiden, die sich nach hinten hin stark vergrößern. Der adulte Wurm kann mehrere Jahre bei der Katze (und beim Menschen!) lebensfähig bleiben.

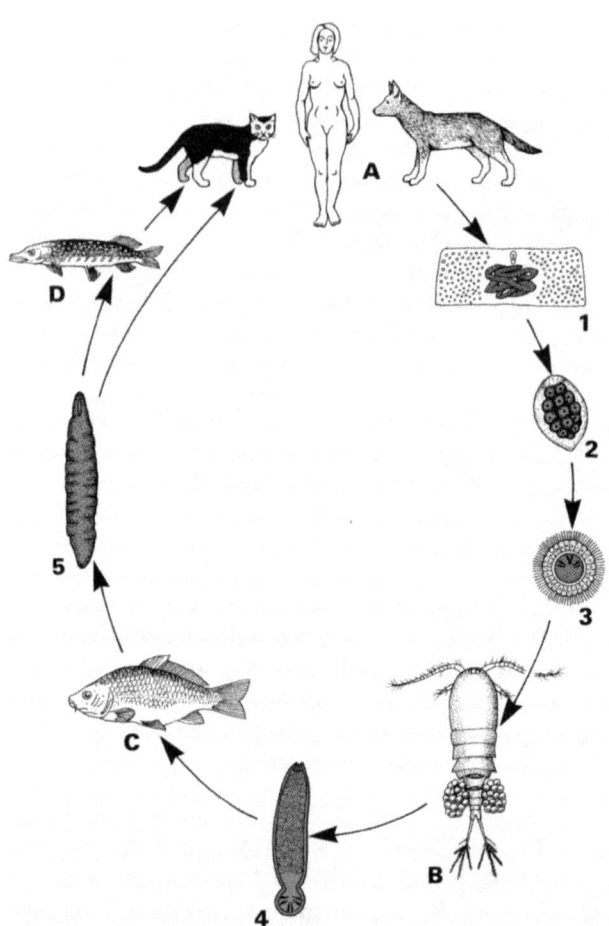

Abb. 47. Schematische Darstellung des Lebenszyklus des Fischbandwurms *Diphyllobothrium latum*. *1./2.* Endwirte (**A**) scheiden mit dem Kot gedeckelte Eier (*2*) ab, die aus dem Uterus (*rot*) der Endglieder (*1*) des Bandwurms kommen. *3./4.* Im Ei entsteht im Wasser eine bewimperte Larve (Coracidium, *3*), die im Innern eine Hakenlarve (*rot*) trägt. Fressen Copepoden (Kleinkrebse, **B**) als 1. Zwischenwirt derartige Schwimmlarven (*3*), so entsteht in ihnen eine sog. Procercoid-Larve (*4*). *5.* Sobald ein Friedfisch (**C**) als zweiter Zwischenwirt die infizierten Kleinkrebse frißt, entwickelt sich das Procercoid zum Plerocercoid (*5*) weiter. Diese Stadien sind direkt für die Endwirte infektiös, können aber auch in Raubfischen wie Hechten (**D**) »gestapelt« werden und erst von dort zum Menschen bzw. zur Katze gelangen.

Befallsmodus. Orale Aufnahme von larvenhaltigem rohen Fisch aus Süß- bzw. Brackwasser.

Anzeichen der Erkrankung. Ein Befall bleibt bei sonst gesunden Tieren häufig symptomlos. Relativ selten sind Verdauungsstörungen oder Anämie, die auf Vitamin-B_{12}-Entzug zurückgeht.

Infektionsgefahr für den Menschen. Keine. Die von der Katze mit dem Kot ausgeschiedenen Eier sind für den Menschen ungefährlich. Er infiziert sich wie die Katze (evtl. beim geteilten Mahl) durch kontaminierten rohen Fisch.

Diagnosemöglichkeiten. Auffinden der leeren Proglottiden im Kot (s. Abb. 46) und mikroskopischer Nachweis der typischen, gedeckelten Eier im Kot.

Vorbeugung. Keine Verfütterung von rohem Fisch. Tieffrieren des Fisches für mindestens 24 Stunden bei –18 °C tötet die infektionsfähigen Larven ab.

Behandlungsmaßnahmen. Medikamentöse Einmal-Therapie mit Praziquantel (Droncit®) in einer oralen Dosis von 40 mg pro kg Körpergewicht nach Verschreibung durch den Tierarzt.

Katzenbandwurm *Taenia* (syn. *Hydatigera*) *taeniaeformis*

> *Was kriecht im Fell,*
> *und zwar nicht schnell?*
> *Im weißen sieht man's nicht,*
> *doch im schwarzen es entgegensticht:*
> *es ist ein Teil von jenes Wurmes Band,*
> *der den Weg von der Maus zur Katze fand.*

Geographische Verbreitung. Weltweit. Häufigster Bandwurm bei Katzen mit Freilauf – oft sind bis zu 40 % der Tiere befallen.

Artmerkmale und Entwicklung. Der adulte Wurm – ein Zwitter wie nahezu alle Bandwürmer – wird bei der Katze bis 60 cm lang und hinten 5–6 mm breit, während das Köpfchen (Skolex) nur etwa 1 mm mißt, 4 Saugnäpfe und ein vorstülpbares Rostellum mit zwei Hakenreihen (Abb. 48 A) zum Festhalten in der Darmwand aufweist. Da die Proglottiden relativ breit sind und direkt hinter dem Kopf beginnen, wird der Wurm wegen des fehlenden, dünnen Halses auch als »dickhalsiger Katzenbandwurm« bezeichnet. Die täglich einzeln am Hinterende abgestoßenen, mit etwa 1500 kugeligen (35 µm großen) Eiern dicht gefüllten, weißlichen Proglottiden sind etwas länger als breit (etwa 7 × 5 mm), bleiben aber dehnbar und für Stunden im Fell eigenbeweglich (s. Abb. 48 B). Werden die aus getrockneten Proglottiden freigesetzten, bereits larvenhaltigen Eier (mit Oncosphaera-Larve) von Zwischenwirten (Nager wie Ratten, Mäuse, aber auch Bisamratte und Kaninchen) gefressen, so entsteht in deren Leber eine weitere Larve. Dieser sog. *Cysticercus fasciolaris* erscheint als durchsichtiges Bläschen von etwa 0,5–1 cm Durchmesser und enthält bereits einen kleinen Bandwurm (Strobilocercus). Wird dieser

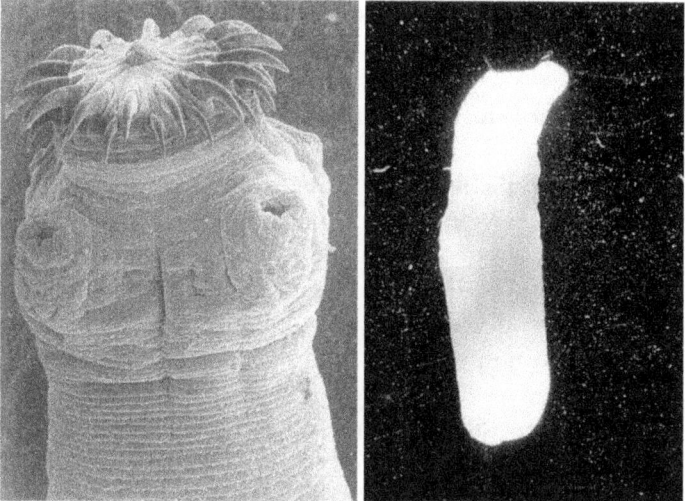

Abb. 48. Rasterelektronenmikroskopische Aufnahme des Kopfes des Katzenbandwurms *Taenia taeniaeformis* (**A**) und eine lichtmikroskopische Aufnahme einer typischen im Kot anzutreffenden *Taenia*-Proglottide (länger als breit) (**B**).

5–30 mm lange, aufgefaltete »Jungwurm« von der Katze mit rohem Fleisch des Zwischenwirtes gefressen, so entsteht in deren Darm in etwa 5–10 Wochen der geschlechtsreife adulte Bandwurm, der für etwa 1–1,5 Jahre lebensfähig bleibt und etwa 1–4 Proglottiden pro Tag abschnürt. Häufig ist ein Mehrfachbefall bei Katzen zu beobachten, wobei die Zahl sich zwischen 2 und 10 Bandwürmern bewegt.

Befallsmodus. Orale Aufnahme von Larven (Strobilocercus) in rohem Fleisch der Zwischenwirte.

Anzeichen der Erkrankung. Der Befall verläuft meist symptomlos, abwechselnde Durchfälle und Verstopfungen sind möglich, sowie Appetitlosigkeit und struppiges Fell, Abmagerung; seltener: Juckreiz im Analbereich durch wandernde Proglottiden, den die Katze evtl. durch Schlittenfahren (Rutschen) bekämpft (s. Abb. 52).

Infektionsgefahr für den Menschen. Keine.

Diagnosemöglichkeiten. Auffinden der typischen Proglottiden im Fell bzw. im Kot (s. Abb. 48 B).

Vorbeugung. Bei Freilauf kaum möglich. Gewöhnung an zu Hause verabreichtes Futter, um so die unkontrollierte Aufnahme von Infektionsstadien zu vermeiden.

Behandlungsmaßnahmen. Orale, medikamentöse Behandlung nach ärztlicher Verschreibung mit Praziquantel (Droncit®) in einer einmaligen Dosis von 5 mg pro kg Körpergewicht. Kombinationspräparate aus Bandwurm- und Fadenwurmmitteln (z. B. Polyverkan®, Drontal®) oder einige Bendazole (z. B. Telmin® KH, Panacur®) haben ebenfalls eine austreibende Wirkung und eignen sich daher zu Wurmkuren ohne vorherige Artdiagnose.

Gurkenkernbandwurm (*Dipylidium caninum*)

*Ist Miezen's Hintern von Würmern wund,
macht sie's durch Schlittenfahren kund.*

Geographische Verbreitung. Weltweit.

Artmerkmale und Entwicklung. Dieser relativ häufig auftretende Bandwurm wird etwa 20–50 cm lang und ist durch den Besitz von je zwei Paar Geschlechtssystemen pro Proglottide und das gurkenkernartige Aussehen der 0,5–1 cm langen, gelblich-bräunlichen, an seinem Hinterende abgeschnürten Proglottiden gekennzeichnet (Abb. 49, 50).

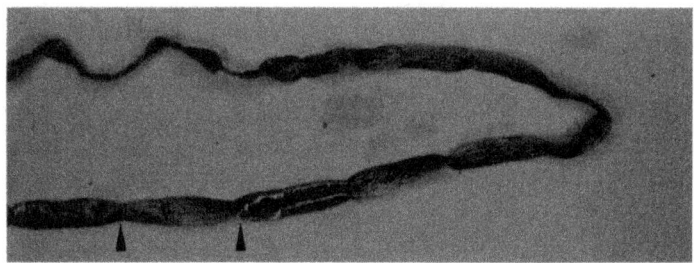

Abb. 49. Makroskopische Aufnahme von frisch ausgeschiedenen, ungefärbten Proglottiden des Gurkenkernbandwurms (*Dipylidium caninum*). Die Endproglottiden werden jeweils an den durch *Pfeile* gekennzeichneten Stellen abgeschnürt. × 3/4.

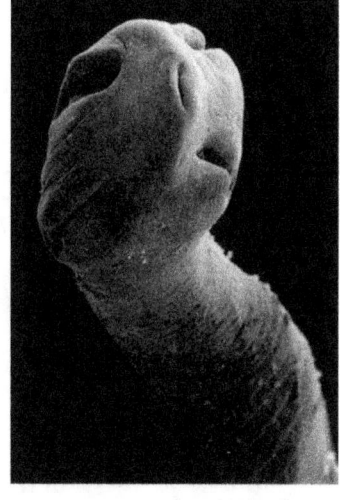

Abb. 50. Rasterelektronen mikroskopische Aufnahme des Kopfes von *Dipylidium caninum*. Das hakenbewehrte Rostrum ist in den Kopfschlitz zurückgezogen, die Saugnäpfe sind teilweise geschlossen = kontrahiert.

Die Eier liegen darin zu 8–30 in Eipaketen (s. Abb. 72 E) von etwa 0,2 mm Größe. Werden die larvenhaltigen Eier von Floh- oder Haarlingslarven (s. Abb. 28, 35, 51) gefressen, ensteht in ihnen das infektiöse Stadium, das auch die Entwicklung der Floh- bzw. Haarlingslarven zu deren geschlechtsreifen Stadien überdauert. Knabbert eine Katze

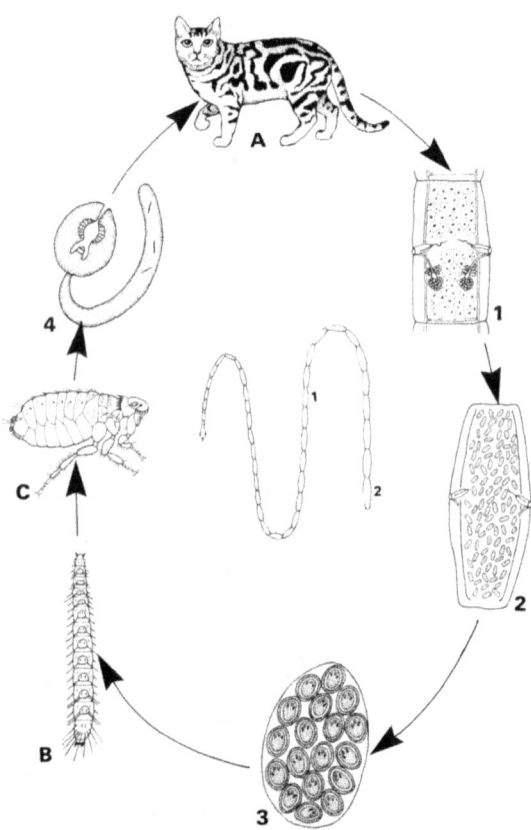

Abb. 51. Schematische Darstellung des Lebenszyklus des Gurkenkernbandwurms *Dipylidium caninum*. 1./2. Im Katzendarm (**A**) lebt der adulte Wurm; jüngere Proglottiden (*1*) weisen je zwei Sätze der Geschlechtsorgane auf, während ältere dicht mit Eipaketen gefüllt sind (*2*). 3. Einzelnes Eipaket; es schließt zahlreiche larvenhaltige Eier ein. Diese Eipakete werden nach Platzen der im Kot abgesetzten Proglottiden frei. 4. Fressen die Flohlarven (vergl. S. 98) derartige Eipakete, so entsteht in ihnen die Cysticercoid-Larve (**B**); sie überlebt, bis sich der adulte Floh (**C**) entwickelt hat. Die Infektion der Katze erfolgt durch Fressen von larvenhaltigen Flöhen.

solche Flöhe oder Haarlinge, wird der Kreislauf geschlossen. Nach 2–3 Wochen ist der Gurkenkernbandwurm dann geschlechtsreif und setzt für mindestens ein Jahr die typischen Proglottiden ab.

Befallsmodus. Fressen von larvenhaltigen Flöhen oder Haarlingen.

Anzeichen der Erkrankung. Leitsymptom ist starkes Jucken am After, dem die Katze durch häufiges Reiben oder das »Schlittenfahren« (Abb. 52) entgegenwirken will. Ein schwacher Befall bleibt oft symptomlos, allerdings kann es bei stärkerem Befall zu Verdauungsstörungen, Abmagerung, glanzlosem Fell oder sogar zu Darmverschluß kommen.

Infektionsgefahr für den Menschen. Der Mensch kann sich durch Wurmlarven, die nach dem Zerquetschen bzw. Zerknabbern von Flöhen oder Haarlingen im Katzenfell

Abb. 52. Schematische Darstellung des Reibens (infolge analen Juckreiz) der Katze am Tisch etc.

verbleiben, oral infizieren. Besonders häufig ist daher die Infektion von Kindern.

Diagnosemöglichkeiten. Die im Kot anzutreffenden einzelnen Proglottiden sehen im frischen Zustand gurkenkernartig gelblich-rötlich aus, in getrocknetem Zustand erscheinen sie im Fell reiskornartig. Nach Quellen im Wasser können aus den Proglottiden die Eipakete zur mikroskopischen Untersuchung ausgedrückt werden (s. Abb. 72 E).

Vorbeugung. Regelmäßig eine Ektoparasitenbekämpfung durchführen (s. S. 101) sowie häufig eine Reinigung und Desinfektion der Lagerstätten bzw. der Zuchträume vornehmen.

Behandlungsmaßnahmen. Chemotherapie mit Droncit® nach Verschreibung durch den Tierarzt; Entflohung und Ektoparasitenbekämpfung (s. S. 63, 101).

Fuchsbandwurm (*Echinococcus multilocularis*)

> *Ob Katze, Hund oder Fuchs,*
> *der Wurm in allen wuchs.*
> *Auch in Schaf, Rind und Maus*
> *ging er gerne ein und aus,*
> *bis er sich die Karriere verdarb*
> *und mit einem Menschen starb.*

Geographische Verbreitung. Europa (Schweiz, Zentralfrankreich, Österreich, vermutlich ganz Deutschland, Teile der Tschechei, südl. GUS), Asien (Sibirien, Türkei, Iran, Japan = Hokkaido), Nordamerika (nördl. USA, Canada, Alaska).

 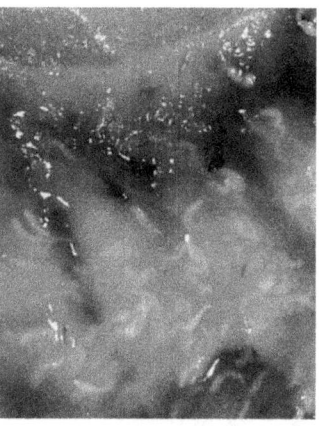

Abb. 53. *Echinococcus multilocularis*, Fuchsbandwurm; Makroaufnahmen. **A.** Befallene Füchse (hier am Straßenrand) werden häufig »zutraulich«. **B.** Darm mit vielen (weißen) angesogenen adulten Würmern.

Artmerkmale und Entwicklung. Der besonders gehäuft im Endwirt Fuchs (bis 50 % der untersuchten Tiere – Abb. 53 A – waren befallen!) auftretende Wurm (Name!) kann sich auch bei der Katze und im Hund entwickeln. Diese beiden tragen dann evtl. die Infektionsgefahr für den Menschen ins Haus (s. u.). Im Darm des Fuchses, aber auch bei den anderen Endwirten wird der einzelne Wurm nur 1–6 mm lang (meist bis 3 mm) und verdient somit gar nicht den Namen Bandwurm (s. Abb. 53 B, 54). Der Kopf (Skolex) weist 4 Saugknöpfe und einen doppelten Hakenkranz zur Verankerung in der Darmwand auf. Der gesamte Wurm besteht nur aus 4–6 Proglottiden, von denen die letzte deutlich kleiner ist als die übrigen. Die letzte Proglottide enthält im sackartigen Uterus zahlreiche (etwa 150–200) kugelige Eier, die in Aussehen und Größe nicht von denen der *Taenia*-Arten zu unterscheiden sind. Im Darm des jeweiligen Endwirts – und somit auch bei der Katze – treten stets mehrere (oft sehr viele) Bandwürmer auf, so daß

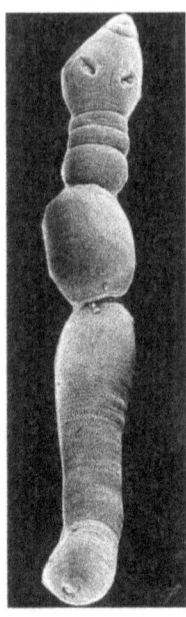

Abb. 54. Rasterelektronenmikroskopische Aufnahme eines adulten Fuchsbandwurms (*E. multilocularis*). Die letzte Proglottide hat sich schon fast abgeschnürt. An ihrem Hinterende ist die Abschnürstelle der Vorgängerin zu erkennen.

Fremdbefruchtung die Regel ist. Da aber nur etwa alle 14 Tage eine Endproglottide pro Wurm abgeschnürt wird, müssen auch bei starkem Befall nicht jeden Tag Proglottiden in den Fäzes angetroffen werden. Nehmen Zwischenwirte (Mäuse, Ratten) oder der Fehlwirt Mensch (s. Abb. 4, s. S. 39) derartige Eier aus den Fäzes oder über kontaminierte Nahrung auf, so entsteht aus der im Ei enthaltenen Oncosphaera-Larve ein weitverzweigtes Schlauchsystem (sog. multilokuläre Zyste), dessen feine, soliden Ausläufer von nur 0,01 mm Durchmesser krebsartig die Organe (Leber, Lunge etc.) durchwuchern, erst später einen Hohlraum im Inneren bilden und somit zu echten Schläuchen werden (s. Abb. 5). In diesen entstehen auf ungeschlechtlichem Weg viele kleine, eingestülpte Bandwurmköpfchen (Protoskolizes). Frißt eine Katze diese Köpfchen mit dem Zwischenwirt, so wächst in etwa 5 Wochen aus jedem Protoskolex ein neues Würmchen heran, das für 5–6 Monate lebensfähig bleibt.

Befallsmodus. Katzen können sich nur durch Fressen von zystenhaltigem rohen Fleisch von Zwischenwirten (Mäusen) infizieren.

Anzeichen der Erkrankung bei der Katze. Meist treten keine Symptome auf; nur bei Massenbefall kommt es zu Verdauungsstörungen mit Durchfällen. Die Erkennungssymptome einer Erkrankung beim Menschen sind auf S. 43 dargestellt.

Infektionsgefahr für den Menschen. Ja! Die Gefährdung ist prinzipiell sehr hoch einzustufen, obwohl zur Zeit die tatsächlichen Erkrankungen beim Menschen (noch?) sehr selten sind und vermutlich auch auf Kontakte zu eihaltigem Fuchskot zurückzuführen sein dürften. Die Eier dieses Bandwurms sind überaus widerstandsfähig und überleben die Temperaturen (–18 °C) der üblichen Tiefkühlschränke. Einfrieren für 2 Tage bei 72 °C oder Kochen (100 °C) – etwa bei der Herstellung von Marmelade oder Kuchen – tötet sie jedoch binnen 5 Minuten ab. Handelsübliche Desinfektionsmittel bleiben in den vorgeschriebenen Dosierungen ohne Wirkung.

Diagnosemöglichkeiten. Auffinden der etwa 1 mm großen Proglottiden in den Fäzes, die dann wie »bestäubt« aussehen. Im dunklen Fell können sie ebenfalls mit bloßem Auge erfaßt werden. **Achtung:** Nicht bei jedem »Häufchen« werden auch Proglottiden ausgeschieden; daher muß mehrfach kontrolliert werden.

Vorbeugung. Bei freilaufenden Katzen in Fuchsgebieten kann eine Infektion kaum verhindert werden, es sei denn, die Katze wird an Dosenfutter gewöhnt. Die tägliche Säuberung der Katzentoilette, das Auswaschen mit heißem Wasser, eine generelle Reinlichkeit nach Kontakt mit potentiell infizierten Tieren, sowie die regelmäßige Durchführung einer Wurmkur bei Katzen mit Freilauf und bei Fressen von Mäusen mindern das Infektionsrisiko sehr stark.

Behandlungsmaßnahmen bei der Katze. Bei bemerktem Befall muß schnellstmöglich die orale Behandlung der Katze mit Droncit® (5 mg pro kg Körpergewicht) erfolgen. Achtung: Auch nach der Behandlung muß der Kot für Tage noch durch Hitze vernichtet werden, da dann die (toten) Würmer mit ihrer ganzen Eilast im Kot enthalten sind und das Medikament **nicht** auf die Eier wirkt.

Mesocestoides-Arten

Geographische Verbreitung. Weltweit.

Artmerkmale und Entwicklung. Die bei Katze und Hund seltener, beim Fuchs jedoch häufig aufgefundenen *Mesocestoides*-Arten sind vielfach noch unbestimmt, wie auch das Wissen um ihren Entwicklungszyklus noch beschränkt ist. Der geschlechtsreife Bandwurm wird bei der Katze bis 40 cm lang und weist einen hakenkranzlosen Kopf mit vier Saugnäpfen auf (Abb. 55 A). Die Proglottiden enthalten ein bereits bei Betrachtung im Durchlicht sichtbares, wandverstärktes Paruterinorgan (Abb. 55 B). Erste Zwischenwirte sollen Moosmilben oder andere kleine Bodentiere sein, die sich durch Eier im Katzen- oder Hundekot infizieren können. Zweiter Zwischenwirt ist u.a. die Feldmaus, in der die sog. Tetrathyridium-Larve entsteht, aus der in der Katze wiederum 2–4 Bandwürmer (je nach Teilungsstand) hervorgehen, die nach 2–3 Wochen geschlechtsreif werden und für Monate bis zu einem Jahr leben.

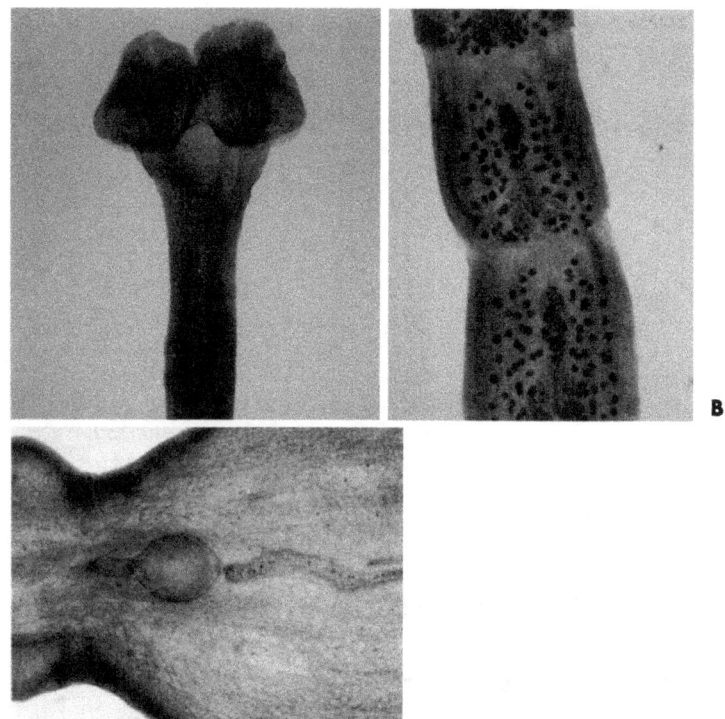

Abb. 55. Lichtmikroskopische Aufnahmen eines *Mesocestoides*-Bandwurms. **A.** Vorderende (Skolex) mit den Saugnäpfen. **B.** Vordere Proglottiden. **C.** Hintere, abgeschnürte Proglottide, die durch das wandverstärkte (= braune), eierhaltige Paruterinorgan charakterisiert ist.

Befallsmodus. Fressen larvenhaltiger Mäuse.

Anzeichen der Erkrankung. Unspezifische Symptome wie bei anderen Bandwürmern.

Infektionsgefahr für den Menschen. Nein.

Diagnosemöglichkeiten. Nachweis der typischen Proglottiden in den Fäzes.

Vorbeugung. Verhinderung des Fressens von Mäusen beim Freilauf durch Gewöhnung an Dosenfutter.

Behandlungsmaßnahmen. Chemotherapie mit Droncit® nach Verschreibung durch den Tierarzt.

Spulwürmer

> »Heiße Spulwurm und bin nicht schön,
> wandere durch den Körper ungeseh'n
> und brauche dabei kein Geleit,
> bis ich find des Darmes Einsamkeit.«
> (Gretchen Toxocara zum Veterinär
> Dr. Faustus im »Urspulwurm«).

Geographische Verbreitung. Weltweit.

Artmerkmale und Entwicklung. Bei der Katze treten im Darm zwei Arten von Spulwürmern auf, die zu enormen Wurmlasten führen können. Sie gehören zu den getrenntgeschlechtlichen, im Querschnitt drehrunden, derbwandigen Fadenwürmern (Nematodes, Abb. 56):

a) *Toxascaris leonina.* Diese Art ist nicht sehr wirtsspezifisch, findet sich bei vielen Caniden (Hunden und Verwandten) und Feliden (u. a. Großkatzen) und ist bei der Hauskatze mit Befallsraten von max. 1 % relativ selten. Die Weibchen werden 6 bis 10 cm, die Männchen nur etwa 6–7 cm lang. Das Vorderende zeigt wie bei allen Spulwürmern drei Lippen; besitzt zwei lange, seitliche Versteifungen (sog. »zervikale« Flügel, Abb. 57 B). Bei T. leonina verläuft die Entwicklung direkt, d. h. sobald die von den Weibchen abgesetzten, durchsichtigen Eier (75 mm Durchmesser) im Freien binnen 3–5 Tagen (bei

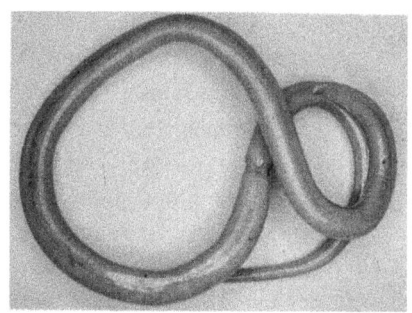

Abb. 56. Makroaufnahme eines Spulwurms.

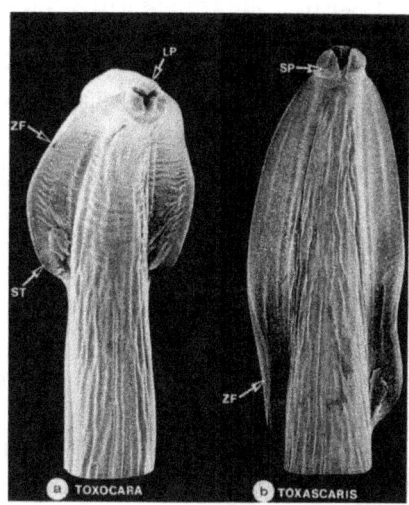

Abb. 57. Rasterelektronenmikroskopische Aufnahmen der Vorderenden der Spulwürmer der Katze.

mindestens 15 °C) die Larve 2 (durch Häutung im Ei) ausgebildet haben, sind diese für die Katze infektiös. Im Darm schlüpft die Larve 2, dringt in die Darmwand ein, häutet sich dort zweimal, kehrt danach in das Darmlumen zurück, wo die letzte Häutung zum Adultstadium erfolgt und in etwa 7–11 Wochen die Geschlechtsreife erlangt wird.

b) *Toxocara mystax (syn. cati).* Diese Art stellt die bei weitem häufigsten Spulwürmer bei Hauskatzen (Befallsraten bis 70 %!). Die Weibchen werden 4–10 cm lang, die Männchen erreichen nur 3–7 cm. Ihre Zervikalflügel (= Versteifungen des Vorderendes), die bei beiden Geschlechtern auftreten, wirken breit und geriffelt (s. Abb. 57 A). Die typischen, kugelig-braunen, dickwandigen, mit runzliger Oberfläche versehenen Eier (65–75 µm) werden im Zweizellen-Stadium mit dem Kot ausgeschieden. Im Freien entwickelt sich binnen 10–15 Tagen (bei mindestens 10 °C Außentemperatur) die infektionsfähige Larve 2. Wird dieses Ei von vorher wurmfreien Katzen oral aufgenommen, schlüpft die Larve 2 im Darm aus der Eischale, vollzieht meist eine Körperwanderung (über Leber, Herz, Lunge, Luftröhre) und gelangt nach zweimaliger Häutung wieder in den Darm, wo etwa 8 Wochen nach der Infektion die Geschlechtsreife erreicht wird. Bei Katzen wird auch die Körpermuskulatur befallen, wo die Larve 3 verharrt, bis sie während der Trächtigkeit – offenbar durch Hormone – aktiviert wird und dann über die Milch zu den Jungtieren gelangt. Diese, während der gesamten Säugeperiode ausgeschiedenen Larven sind für Katzen die wesentliche Infektionsquelle. Wenn Mäuse Spulwurmeier aufnehmen und somit zum Transportwirt werden, schlüpft in ihnen die Larve 2 und häutet sich zur Larve 3 (dies erfolgt auch im Menschen: Abb. 58). Sobald eine derartige larvenhaltige Maus gefressen wird, setzt sich in der Katze die Entwicklung zum adulten Wurm fort, wobei aber etwa 3 Wochen in der Darmwand verbracht werden. Im Darm können die adulten Würmer mehrere Monate Eier absetzen.

Befallsmodus. Ausschließlich durch orale Aufnahme von Infektionsstadien. Jungtiere werden durch Larven in der Muttermilch (bei Vorinfektion der Mutter) befallen (s. Abb. 58). Nichtinfizierte Tiere können sich durch Fressen von Eiern aus kontaminiertem Katzenkot oder durch Verzehr von larvenhaltigen Mäusen etc. zum ersten Mal infizieren.

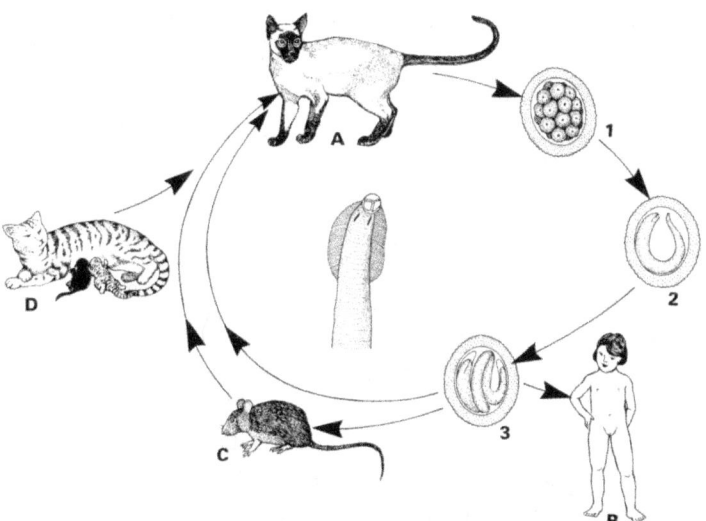

Abb. 58. Schematische Darstellung der Infektionswege des Katzenspulwurms *Toxocara mystax* (syn. *cati*). *1.–3.* Die vom Endwirt Katze (**A**) ausgeschiedenen Eier entwickeln im Freien über die Larve 1 (2) die Infektionslarve 2 (3). Werden derartige Eier von Menschen (**B**) oder Zwischenwirten (wie Mäuse, **C**) aufgenommen, kommt es dort zur Ausbildung einer Wanderlarve (Larva migrans visceralis). Werden Mäuse von Katzen gefressen oder nehmen Katzen larvenhaltige Eier auf, schließt sich der Zyklus. Die Übertragung der L3 erfolgt auch beim Säugen (**D**).

Anzeichen der Erkrankung bei Katzen (Toxokarose). Appetitlosigkeit, schlechtes Wachstum, evtl. Abmagerung, schleimige Durchfälle, struppiges, glanzloses Fell mit Haarausfall sind die wesentlichen Anzeichen bei stärkerem Befall, der bei Katzen aber nicht sehr häufig ist.

Infektionsgefahr für den Menschen. Ja. Bei ihm kommt es infolge der oralen Aufnahme von Eiern aus dem Katzenkot evtl. zur sog. Wanderlarve (Larva migrans visceralis, s. S. 44).

Diagnosemöglichkeiten. Auffinden abgegangener Würmer im Kot oder in Erbrochenem; mikroskopischer Nachweis der Eier von T. *leonina* (mit glatter Oberfläche) bzw. T. *mystax* (mit runzeliger Oberfläche) im Kot (s. Abb. 73 A, B).

Vorbeugung
a) Regelmäßige Entwurmung (alle 3 Monate).
b) Entwurmung der Jungkatzen.
c) Regelmäßige Beseitigung des Kots und nachfolgendes Auswaschen der Katzentoilette mit möglichst heißem Wasser.
d) Desinfektion der Böden und Wände in Zwingern mit heißem Dampfstrahl oder Desinfektionsmitteln wie P3-incicoc[1], Bergo-Endodes[2], Schaumann-Endosan[3], Chevi 75[4], Venno-Endo VI[5] etc. (alle 5 % für 2,5 h Einwirkzeit).

Behandlungsmaßnahmen. Die medikamentöse Behandlung sollte bereits bei den Kätzchen im Alter von 3 Wochen einsetzen und nach dem Absetzen der Muttermilch wiederholt werden. Eine Reihe von Mitteln haben bei oraler Verabreichung eine gute Wirkung auf die adulten Würmer, erreichen aber kaum Wanderstadien: Banminth® (1 × 20 mg kg Körpergewicht), Panacur® (3 Tage × 50 mg/kg KgW), Telmin KH® (2 × täglich für 2 Tage 100 mg pro Tier). Daher ist eine Wiederholung der Behandlung unbedingt erforderlich! (s. S. 163).

---

[1] Fa. Henkel, Düsseldorf
[2] Fa. Bergophor, Kulmbach
[3] Fa. Schaumann, Pinneberg
[4] Fa. Chevita, Pfaffenhofen
[5] Fa. Menno-Chemie, Norderstedt

Hakenwürmer

> *Der Hakenwurm auf dem Grashalm sitzt,*
> *und auf eine schöne Mieze spitzt.*
> *Doch als diese nicht mehr kam,*
> *er mit eines Jogger's Bein vorlieb nahm.*

Geographische Verbreitung. Ancylostoma tubaeforme (weltweit), *A. brasiliensis, A. ceylandicum* (in subtropischen und tropischen Gebieten).

Artmerkmale und Entwicklung. Bei der Katze kommt in allen gemäßigten Gebieten (außer England) der Hakenwurm *A. tubaeforme* relativ häufig vor (Befallsraten von 10–17 % bei Katzen mit Freilauf). Der Hakenwurm des Hundes (*A. caninum*) erlangt in der Katze dagegen im allgemeinen nicht die Geschlechtsreife. In warmen Gebieten (Urlaubsgebiete!) treten noch *A. brasiliensis* und weitere *Ancylostoma*-Arten auf. Die zu den Fadenwürmern gehörenden Hakenwürmer sind durch eine gut entwickelte Mundkapsel mit »Schneidezähnen« und das namensgebende, hakenförmig gekrümmte Vorderende gekennzeichnet. Mit Hilfe der Schneidezähne (Abb. 59, 60) verankern sie sich an der Darmwand, ritzen die Darmwand an und saugen Blut. Während dieses Vorgangs hält das Männchen das Weibchen in Dauerkopulation mit Hilfe eines hinteren Klammerapparates (sog. Bursa copulatrix) fest. Beide lassen häufig los, saugen neu an, so daß die Wunde nachblutet und dadurch viel Blut verloren geht. Weibchen von *A. tubaeforme* werden 12–15 mm lang, die Männchen 9–11 mm. Die beiden Schneidezähne in der Mundöffnung haben wie bei *A. caninum* des Hundes 3 Zacken (s. Abb. 60), während bei *A. brasiliensis* der Mund lediglich durch zwei ungezackte Schneideplatten bewehrt ist. Das Weibchen der Hakenwürmer setzt zahlreiche, etwa 60 × 40 µm große,

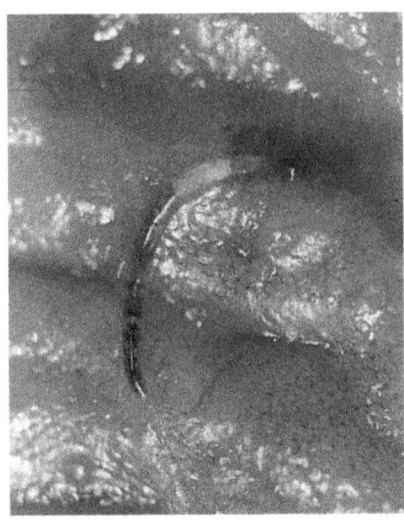

Abb. 59. Makroskopische Aufnahme eines - Hakenwurms an der Darmwand. An der Saugstelle tritt Blut aus! (Aufnahme Dr. Düwel).

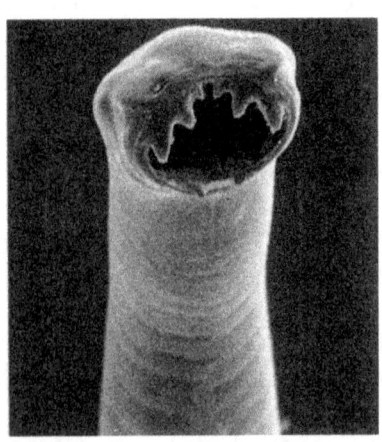

Abb. 60. Rasterelektronenmikroskopische Aufnahme der »Bezahnung« eines Hakenwurms. Mit Hilfe der Zähne verankert er sich an der Darmwand.

dünnwandige Eier im nur wenig-gefurchten Zustand (= wenige Zellen) ab (s. Abb. 73 C). Im Freien entwickelt sich temperaturabhängig in wenigen Tagen (bei *A. tubaeforme* in 1–2) die Larve 1, die aus dem Ei schlüpft und sich über zwei Häutungen in etwa 1–2 Wochen zur Infektionslarve 3

Abb. 61. Schematische Darstellung des Infektionsweges der Hakenwürmer. *1.* Der Endwirt Katze (**A**) scheidet mit dem Kot Eier aus. *2.–6.* Im Freien entwickelt sich in ihnen die Larve 1; diese schlüpft aus (*4*), häutet sich zur Larve 2 (*5*). Die Larve 3 (*6*) verbleibt dann in der Larvenhaut 2; diese wird erst beim Eindringen in den Endwirt (**A**) und in Zwischenwirte (**B, C**) abgeworfen. In Zwischenwirten wandern die Larven als Larva migrans cutanea = »Hautmaulwurf« umher. Werden z. B. larvenhaltige Mäuse gefressen, schließt sich der Zyklus.

entwickelt, die noch in der Larvenhaut der zweiten Larve steckt und keine Nahrung aufnimmt (Abb. 61). Diese Larven sind gegen Austrocknung empfindlich, sterben bei Hitze in Sand, auf Beton, in Kies bereits nach wenigen Tagen, sind aber in feuchtem Gras für 2–3 Monate lebensfähig. Diese Larven 3 dringen nun direkt in die Haut der Katze ein oder in Transportwirte (Nager etc.). In letzteren bleiben sie im Gewebe für Monate unverändert lebensfähig und dabei für Katzen infektiös. Die perkutan eingedrungenen Larven wie auch die durch Fressen von Transportwirten oral aufgenommenen (was wohl der häufigere Weg sein dürfte!) entwickeln sich in der Katze über zwei Häutungen in etwa

3 Wochen zur Geschlechtsreife. Dabei vollziehen nur die perkutan eingedrungenen Stadien eine Körperwanderung (Herz, Lunge, Luftröhre, Schlund), bevor sie in den Darm gelangen, während die oral (in Mäusen) aufgenommenen sich nach kurzem Aufenthalt in der Darmwand im Darmlumen zur Geschlechtsreife weiterentwickeln.

Befallsmodus. Oral durch Verzehr von Larven 3 in Transportwirten und perkutan durch aktives Eindringen der Larven 3 in die Haut.

Anzeichen der Erkrankung (Ankylostomatidose). Leitsymptome sind bei starkem Befall (häufig bei geschwächten Katzen) blutig gestreifter, schleimiger Kot und nachfolgende Abmagerung; häufig ist auch Anämie, die bei Jungtieren schnell zum Tode führt. Das Fell ist struppig, glanzlos, eine allgemeine Schwäche wird durch Appetitlosigkeit noch gefördert. Ältere Katzen weisen zwar häufig eine höhere Wurmlast auf, zeigen aber weniger schwere Symptome. Dennoch kann ein Hakenwurmbefall eine starke Beeinträchtigung des Allgemeinbefindens nach sich ziehen.

Infektionsgefahr für den Menschen. Ja. Bei *A. brasiliensis* wurde eindeutig das Eindringen der Larven 3 in die menschliche Haut und die Krankheitsbilder der Larva migrans (Hautmaulwurf, s. S. 46, s. Abb. 6) nachgewiesen. Der definitive Beweis steht im Experiment für *A. tubaeforme* noch aus. Da aber auch hier eine Reihe von Transportwirten akzeptiert wird, dürfte der Mensch ebenfalls befallen werden. Zudem ist es z. Zt. noch nicht möglich, die im Körper des Menschen wandernden Larven (s. S. 46) exakt in ihrer Artzugehörigkeit zu bestimmen. Daher **Vorsicht** im Umgang mit Hakenwurm-Katzen.

Diagnosemöglichkeiten. Mikroskopischer Nachweis der glattwandigen Eier im Kot.

Vorbeugung. Bei Katzen mit Freilauf ist eine Vorbeugung außer durch regelmäßige Entwurmung alle 3 Monate kaum möglich, da die Infektion vorwiegend über orale Aufnahme von Zwischenwirten erfolgt. Im Hause sollten aber Katzentoiletten und Lagerstätten täglich, am besten mit heißem Wasser oder Sodalösung gereinigt werden (vergl. *Toxocara*, S. 158).

Behandlungsmaßnahmen. Zur medikamentösen Behandlung stehen eine Reihe gut wirksamer Präparate zur Verfügung, z. B. Banminth® (1 × 20 mg/kg Körpergewicht), Panacur®, Telmin KH® je nach Gewicht der Tiere (s. Packungsbeilage). Da die Wirkung auf die wandernden Larven meist begrenzt ist, muß eine Therapie nach 3–4 Wochen wiederholt werden. Insbesondere bei Jungtieren müssen auch der Blutverlust und die Auswirkungen einer Anämie behandelt werden, zumal sich sonst weitere Parasiten und andere Erregertypen als »opportunistische Erreger« ausbreiten und zum Tode der Katzen führen können.

Magenwürmer (*Ollulanus tricuspis*)

Vor dem Bett liegen Rock und Hut,
darüber Blut.
Sieht man genau hin indessen,
alles Speise, schon einmal gegessen.
Doch was C. Morgenstern auch nicht sah:
Ollulanus war ganz nah.

Geographische Verbreitung. Europa, Amerika, Asien; in Deutschland sind etwa 40 % der Katzen mit Auslauf befallen.

Abb. 62. Lichtmikroskopische Aufnahme (**A**) und schematische Darstellung (**B**) eines Weibchens des Katzenmagenwurms *Ollulanus tricuspis* (nach Hasslinger). D = Darm, OE = Oesophagus, Schlund, UÖ = Uterusöffnung, UT = Uterus mit Entwicklungsstadien.

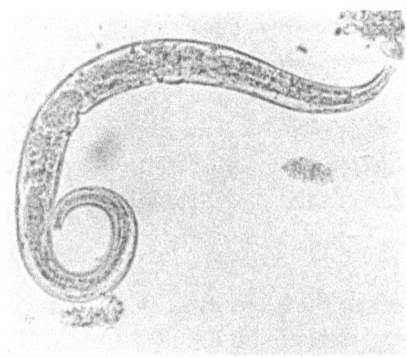

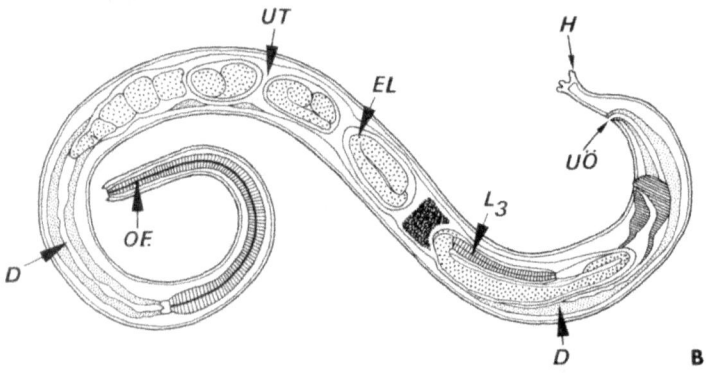

Artmerkmale und Entwicklung. *Ollulanus tricuspis* (Abb. 62) ist eine bei der Hauskatze und katzenartigen Zootieren häufig und beim Fuchs, Hund wie auch Schwein seltener auftretende Fadenwurmart (Stamm: Nematodes). Sie weist vier Besonderheiten auf, die sie von den meisten Fadenwurm-Arten abhebt. So lebt sie im Magen unter dicken Schleimschichten, ist mit dem Vorderende in der Darmwand verankert, bleibt als Weibchen mit max. 1 mm Länge (Männchen sogar nur 0,8 mm) sehr klein und ist vivipar, d. h. die Weibchen setzen bereits Larven ab. Dabei wird die Embryonierung (Larvenentwicklung) im Uterus der Weibchen soweit vorangetrieben, daß meist die Larve 3 ausgeschieden wird (und somit bereits zwei Häutungen im Inneren erfolgen). Diese Larve 3 wandelt sich noch im Magen nach einer Häutung zur Larve 4 und danach (über eine weitere Häutung) in etwa 5 Wochen zum geschlechtsreifen Adultstadium um, so daß regelmäßige Selbstinfektionen den Wurmbestand im Magen der Katze aufrecht erhalten. Hierin dürfte der Grund für die hohe Durchseuchung zu sehen sein. Infolge des Wurmbefalls kommt es zu erhöhter Schleimbildung, die zu Brechreiz und Erbrechen (Vomitus) bei der Katze führt. Auf diese Weise können sowohl die Larven 3 und 4 als auch adulte Würmer ins Freie gelangen. Dort bleiben sie – ausreichende Feuchte vorausgesetzt – bis zu 2 Wochen lebensfähig und können dann von den oben zitierten anderen Wirten oder von anderen Katzen aufgenommen werden. In diesen neuen Wirten erfolgt dann ebenfalls die Ansiedlung der Würmer im Magen und – bei wiederholt ausgelöster Brechreaktion – sind sie neue Infektionsquellen.

Befallsmodus. Oral durch Fressen von Würmern in Erbrochenem (Emesma) von befallenen Tieren.

Anzeichen der Erkrankung (Ollulanose). Erhöhter Brechreiz infolge erhöhter Magenschleimproduktion ist das Leitsymptom. Hinzu können Appetitlosigkeit, Abmagerung und generelle Schwäche kommen. Zu Magenentzündung (Gastritis) kommt es insbesondere bei Tieren, die unter Streß (zu dichte Haltung in Zwingern, Nahrungskonkurrenz, andere Krankheiten) leiden. Schwacher *Ollulanus*-Befall bleibt aber evtl. wegen der unspezifischen Symptome unbemerkt.

Infektionsgefahr für den Menschen. Keine.

Diagnosemöglichkeiten. Auffinden der 1 mm langen Würmer in Erbrochenem bzw. in der Flüssigkeit nach Magenspülungen. Eier oder Larven werden **nicht** mit dem Kot abgeschieden!

Vorbeugung. Bei Auslauf der Katze gibt es faktisch keine Möglichkeiten, eine Infektion zu verhindern.

Behandlungsmaßnahmen. Medikamentöse Bekämpfung durch Citarin® (subkutan: 5 Tage × 5 mg pro kg Körpergewicht), Panacur® (oral: 2 × 10 mg/kg Kgw) oder Synanthic® (2 × täglich für 5 Tage, 10 mg/kg Kgw) nach Verschreibung (und evtl. Verabreichung) durch den Tierarzt.

Parasiten der Harnblase

Ist's in der Blase noch so feucht,
so mancher Wurm doch durch jene kreucht.

In der Harnblase bzw. in den angrenzenden Nierensystemen können bei Katzen zwei Arten von Fadenwürmern auftreten.

Nierenwurm (*Dioctophyme renale*)

Geographische Verbreitung. Weltweit, aber relativ selten.

Artmerkmale und Entwicklung. Die geschlechtsreifen Weibchen (20–100 cm lang und 5–12 mm dick!) und Männchen (bis 35 cm lang und 3–4 mm dick) erscheinen blutrot, leben vorwiegend im Nierenbecken (Abb. 63) und ernähren sich durch Blut und Gewebeteile und können dadurch die Niere (oft die rechte) völlig zerstören. Als Wirte kommen außer Katzen eine Vielzahl von Wirten (auch der Mensch) infrage. Die vom Weibchen abgesetzten dickschaligen Eier gelangen mit dem Urin ins Freie. Im Wasser bzw. feuchter Erde benötigen sie bis zu 6 Monate, um eine Larve

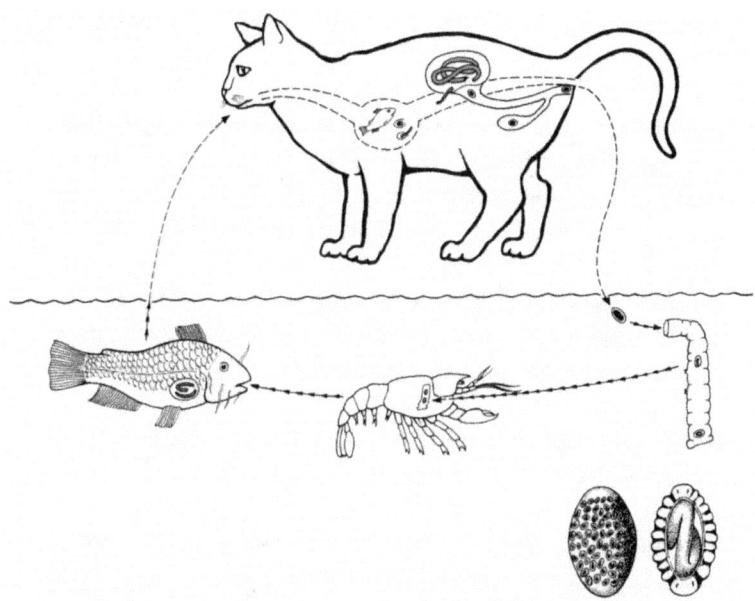

Abb. 63. Schematische Darstellung des Entwicklungszyklus und der Eier des Nierenwurms *Dioctophyme renale*. Die Entwicklung bezieht Zwischenwirte und Stapelwirte (Fische, Krebse, Würmer etc.) ein. Die Infektion erfolgt wohl meist über rohen infizierten Fisch. Die Eier wurden in der Schalenaufsicht (*links*) und Durchsicht (*rechts* – mit Larve) dargestellt.

auszubilden. Nimmt ein Ringelwurm des Süßwassers diese larvenhaltigen Eier auf, entwickelt sich in ihm die Larve 1 durch Häutungen bis zur Larve 4 fort. Wird ein derartiger Ringelwurm von einem Fisch gefressen, können sich in diesem Wirt die Larven anreichern (= Stapelwirt). Beim Fressen von befallenen Regen- bzw. Ringelwürmern oder Fischen wird die Katze infiziert (das gleiche gilt für den Menschen!). Nach etwa 3–6 Monaten ist die Geschlechtsreife erreicht, wobei die riesigen Würmer dann für 1–3 Jahre Eier produzieren (s. Abb. 63).

Befallsmodus. Fressen von infizierten Ringelwürmern bzw. Fischen.

Anzeichen der Erkrankung (Nierenwurmkrankheit). Leitsymptom ist Blut im Urin; als Folgen eines Befalls treten stets massive Nierenstörungen auf (auch bakterielle Entzündungen) bis hin zum vollständigen Nierenversagen.

Infektionsgefahr für den Menschen. Keine. Die von der Katze ausgeschiedenen Eier sind für den Menschen ungefährlich (sonstiger Infektionsverlauf wie bei der Katze).

Diagnosemöglichkeiten. Mikroskopischer Nachweis der dickschaligen Eier im Urin (s. Abb. 63 B, C).

Vorbeugung. Vermeidung des Fressens von Regenwürmern, keine Verabreichung von rohem Fisch.

Behandlungsmaßnahmen. Chirurgische Entfernung der Würmer; antibiotische Behandlungen von bakteriellen Sekundärinfektionen des Nierensystems.

Capillaria-Arten

Geographische Verbreitung. Weltweit.

Artmerkmale und Entwicklung. Die geschlechtsreifen Würmer (Männchen 3 cm, Weibchen 6 cm lang) leben in den Wänden der Blase, des Nierenbeckens oder des Harnleiters und ernähren sich von der Schleimhaut. Die mit Polpfropfen versehenen Eier werden mit dem Urin abgesetzt und nach Ausbildung einer Larve von Regenwürmern (u. a.) aufgenommen. In diesen Zwischenwirten entsteht die infektiöse Larve 3, die sich nach Fressen dieses Stadiums durch die Katze binnen 8–9 Wochen (über das Larvenstadi-

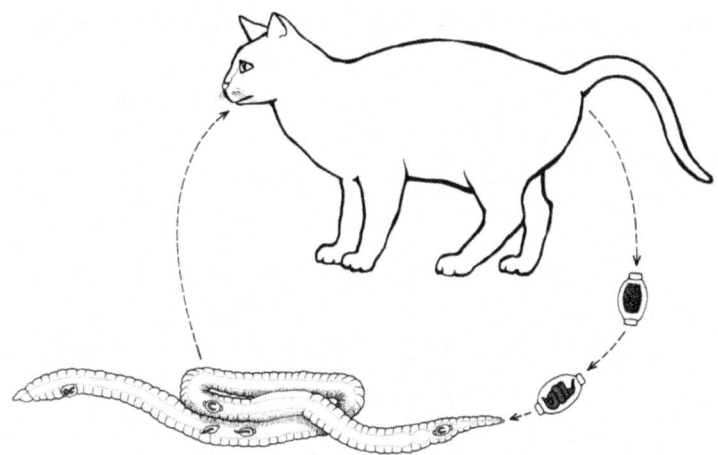

Abb. 64. Schematische Darstellung des Übertragungsweges des Blasenwurms *Capillaria*. Nachdem die Eier mit dem Kot ausgeschieden wurden, entwickelt sich in ihnen je eine Larve. Werden diese Eier von Regenwürmern aufgenommen, so erfolgt in ihnen eine Stapelung von ausgeschlüpften Larven, die beim Fressen in die Katze gelangen.

um 4) zum geschlechtsreifen Wurm entwickelt, der für mehrere Monate lebensfähig sein soll (Abb. 64).

Befallsmodus. Fressen infizierter Zwischenwirte.

Anzeichen des Befalls. Vergl. Nierenwurm, S. 168

Infektionsgefahr für den Menschen. Nein.

Diagnosemöglichkeiten. Mikroskopischer Nachweis der typischen Eier.

Vorbeugung. Verhinderung der oralen Aufnahme von Regenwürmern durch Gewöhnung an heimische Fütterung.

Behandlungsmöglichkeiten. Chemotherapie der Würmer mit Panacur® (3 Tage × 50 mg/kg Körpergewicht, oral); die meist sekundär auftretenden Bakterieninfektionen im Nierenbecken bzw. in der Blase müssen unbedingt mit Antibiotika bekämpft werden.

Parasiten in den Atemwegen

> *Ein Kater spürte einen unstillbaren Drang*
> *zu Miezen und lautem Gesang;*
> *beiden gab er gerne und häufig nach,*
> *bis ihm die Luft dazu gebrach.*

Da die Atemwege mit der Außenwelt und mit dem Rachenraum schon aus Funktionsgründen in steter Verbindung stehen, sind sie ideale Eintrittspforten und damit auch Aufenthaltsorte für zahlreiche Erreger, so auch Parasiten. Insbesondere bei geschwächten Katzen wurden sowohl Einzeller (*Pneumocystis carinii*, s. u.; *Cryptosporidium*-Arten, s. S. 132), Würmer (z. T. in großer Individiuenzahl), als auch Milben und Insekten (Fliegenmaden) angetroffen (s. S. 69, 111).

Pneumocystis carinii

> *Raucht der Kater nicht*
> *und hustet doch,*
> *bleibt nur die Amoebe noch.*

Geographische Verbreitung. Weltweit.

Artmerkmale und Entwicklung. Dieser weltweit bei zahlreichen Wirten (auch Mensch!) und insbesondere bei Na-

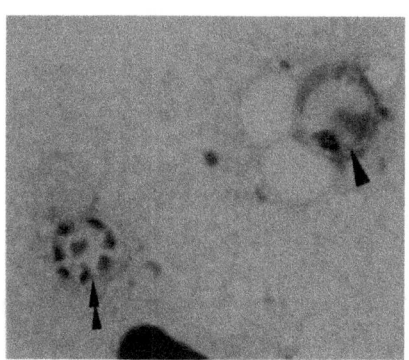

Abb. 65. Lichtmikroskopische Aufnahme einer einkernigen (*Pfeil*) und einer achtkernigen (*Doppelpfeil*) Zyste von *Pneumocystis carinii* im Giemsa-gefärbten Ausstrich.

gern auftretende Erreger von unsicherer systematischer Stellung (Pilz oder urtümliche Amoebe), erlangt erst Bedeutung, wenn beim jeweiligen Wirt eine Schwächung des Immunsystems vorliegt. Sonst ist er vorhanden, ohne aber Krankheitssymptome hervorzurufen. Die sehr kleinen Einzeller (5–8 µm; 1 mm = 1000 µm) sitzen als unbeschalte Trophozoiten (Nährstadien) oder als Zysten (mit 1–8 Kernen) auf der Innenseite der Lungenalveolen und vermehren sich durch wiederholte Zweiteilungen bzw. Vielfachteilungen (8 ×) in den Zysten (Abb. 65). Auch geschlechtliche Fusionen von Stadien treten auf. Ausgeschieden werden mit dem Nasen-Rachensekret neben den Zysten zwar in großer Anzahl auch die Trophozoiten, aber nur die Zysten scheinen für neue Infektionen infrage zu kommen.

Befallsmodus. Einatmen von Zysten etwa beim Lecken des Fells anderer Katzen oder beim Fressen von Nagern.

Anzeichen des Befalls. Symptome treten nur bei Schwächung des Immunsystems auf. Dann finden sich als Leitsymptome Husten und Atembeschwerden bis hin zur todbringenden Lungenentzündung infolge von sekundären bakteriellen Infektionen.

Infektionsgefahr für den Menschen. Ja, aber nur bei immungeschwächten Personen. Dann können auch gesund erscheinende Katzen das Erregerreservoir darstellen.

Diagnosemöglichkeiten. Mikroskopische Untersuchung des Schleimauswurfs bzw. von Abstrichen zeigt die Entwicklungsstadien (s. Abb. 65).

Vorbeugung. Bei Katzen mit Auslauf ist eine Infektion (z. B. beim Fressen von Mäusen) nicht zu verhindern.

Behandlungsmaßnahmen. Medikamentöse Bekämpfung der Parasiten mit Sulfonamiden und der Bakterien (bei Lungenentzündung) mit Antibiotika nach Verschreibung und Überwachung durch den Tierarzt.

Lungenwürmer

> *Schnauft Kater Fritz, der ewig junge,*
> *nicht aus reiner Leidenschaft,*
> *so ist's der Wurm in seiner Lunge,*
> *der ihm's Leiden schafft.*

Geographische Verbreitung. Weltweit.

Artmerkmale und Entwicklung. Bei Katzen treten relativ häufig einige Lungenwurmarten auf, die seltener auch den Hund befallen, so daß bei gleichzeitigem Aufenthalt in der Wohnung gegenseitige Infektionen erfolgen können. Eine besondere Bedeutung wegen ihres relativ häufigen Auftretens hat die unten zuerst beschriebene Art. Für eine erfolgreiche Therapie ist aber eine eindeutige Artbestimmung **nicht** erforderlich.

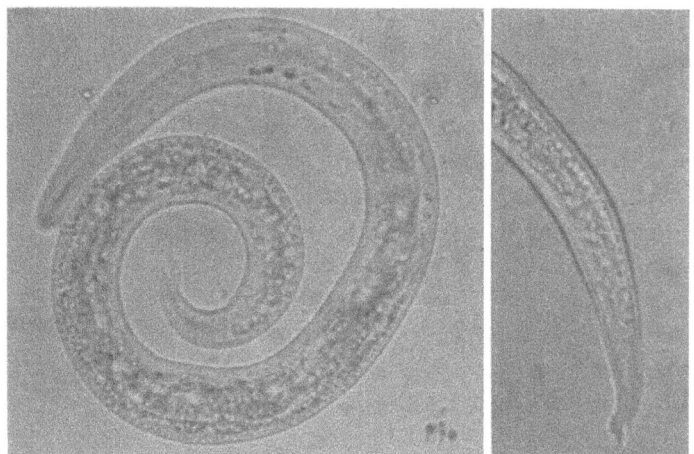

Abb. 66. Lichtmikroskopische Aufnahmen der Larven des Lungenwurms *Aelurostrongylus*. **A.** Totalansicht. **B.** Hinterende mit artspezifischer Zähnelung.

a) *Aelurostrongylus abstrusus.* Diese Fadenwurmart, deren Weibchen bis 1 cm (Männchen 0,7 cm) lang sind, kommt im Durchschnitt bei 20 % der Katzen mit Auslauf vor. Die vom Weibchen in den Alveolen abgesetzten Eier entwickeln sich schnell zur Larve 1, die über das Nasensekret bzw. Kot ins Freie gelangt. Landschnecken (u. a. Gatt. Arion = Nacktschnecke) nehmen als Zwischenwirte diese Larven 1 auf (Abb. 66). In den Schnecken entwickelt sich die Larve zur Larve 3 weiter. Wird die Schnecke von Fröschen, Reptilien, Vögeln oder Nagern gefressen, so reichern sich die Larven 3 in diesen Transportwirten (paratänische Wirte) an. Fressen nun Katzen derartige Wirte, wachsen in ihrer Lunge nach einer Körperwanderung binnen 6 Wochen die geschlechtsreifen Adulten heran.

b) *Capillaria aerophila.* Diese Art tritt bei etwa 1–2 % der Katzen auf. Die Würmer werden relativ groß (Weibchen bis 3 cm, Männchen bis 2,5 cm). Die abgesetzten Eier, (s. Abb. 73 D) gelangen ins Freie; dort entwickelt sich in ihnen in 5–7 Wochen die Larve 1. Werden derartige Eier oral aufgenommen, so entsteht aus ihnen binnen 6 Wochen nach einer Körperwanderung und 4 Häutungen das Adultstadium.

c) ***Crenosoma vulpis.*** Dieser als Weibchen max. etwa 1,5 cm lange Wurm (Männchen max. 0,8 cm) tritt nur sehr selten bei der Katze auf. Seine Entwicklung verläuft ähnlich wie bei *Aelurostrongylus* (s. o.).

Befallsmodus. Oral. Die Infektion erfolgt durch Fressen von infizierten Zwischenwirten (s. o.) oder (bei *Capillaria*) durch Aufnahme von larvenhaltigen Eiern.

Anzeichen der Erkrankung. Leitsymptome sind – wenn überhaupt Krankheitserscheinungen auftreten – Husten, Niesen und Schleimauswurf, verbunden mit erhöhter Atmungsfrequenz. Als unspezifische Symptome treten Appetitlosigkeit, Abmagerung, struppiges Fell und generelle Schwäche auf. Bei starkem Befall mit *Aelurostrongylus*-Würmern kann – insbesondere bei geschwächten Tieren – durch Sekundärinfektionen mit anderen Erregern ohne Behandlung der Tod eintreten.

Infektionsgefahr für den Menschen. Besteht nicht.

Diagnosemöglichkeiten. Mikroskopischer Nachweis der Larven bzw. Eier im Kot oder im Speichel (je nach Art, s. o.).

Vorbeugung. Bei Katzen mit Auslauf ist ein effektiver Schutz vor der Infektion nicht möglich. Generell hilft jedoch die tägliche Säuberung der Katzentoiletten und deren Heißspülung (Zwinger mit Dampfstrahl), um die Wurmlast niedrig zu halten.

Behandlungsmaßnahmen. Zur medikamentösen Behandlung (nach Verschreibung durch den Tierarzt) hat sich Panacur® (oral an 5 aufeinanderfolgenden Tagen jeweils 20 mg/kg Körpergewicht) als besonders breit einsetzbar erwiesen.

Milben- und Fliegenlarven

Bestimmte Milbenarten können in die Nasenhöhlen – insbesondere von schlecht gepflegten und/oder streunenden Katzen eindringen. Das gleiche gilt für einige Fliegenarten (s. S. 109). Die Weibchen setzen je nach Art dabei ihre Eier oder bereits die Larven auf das Fell ab. Die anfangs nur wenige mm langen, fußlosen, madenartigen Larven kriechen dann in die Nasenhöhlen ein, wo sie mechanisch zu später bakteriell entzündlichen Gewebezerstörungen führen können. Niesen, Schleimbildung und heftiges Nasenjucken sind charakteristische Anzeichen. Die orale Gabe von Cyflee® bei Milbenbefall bzw. die Provokation von starkem Niesreiz (evtl. durch Niespulver), was zum spontanen Abgang der Larven führt, können als einfache Behandlungsmaßnahmen eingesetzt werden.

Blutparasiten

Blut ist ein besonderer Saft,
der nicht nur Vampiren Freude schafft.

Babesia felis, Cytauxzoon felis und Hepatozoon canis

Hierbei handelt es sich um nicht-europäische, einzellige Parasiten (Vorsicht bei Importtieren), die intrazellulär in den roten Blutkörperchen (*B. felis, C. felis*) bzw. weißen Blutzellen (*H. canis*) leben und diese durch ihre Vermehrungs-

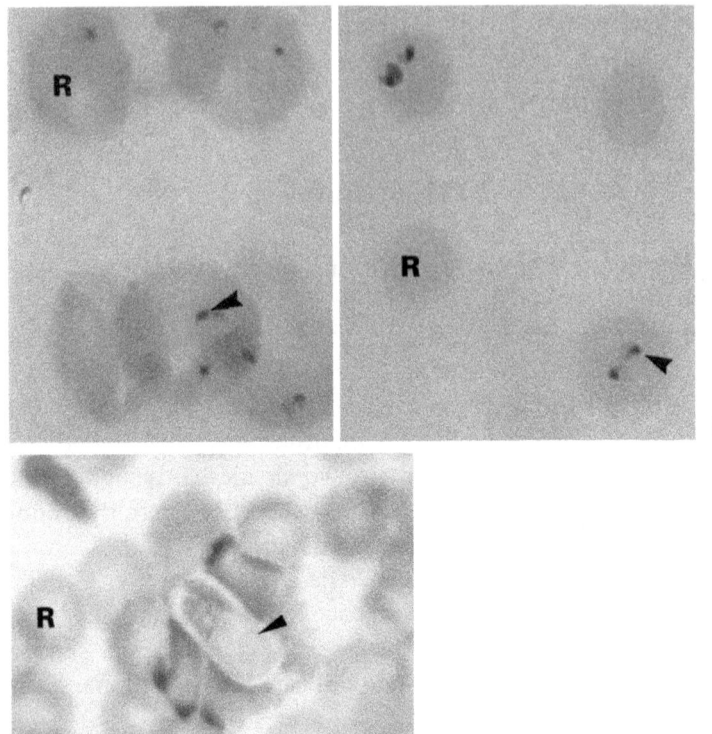

Abb. 67. Lichtmikroskopische Aufnahmen von Erregern im Giemsa-gefärbten Blutausstrich. **A.** *Haemobartonella felis*. Diese Rickettsien liegen (als blaue Pünktchen sichtbar, *Pfeil*) auf den roten Blutkörperchen (= R). **B.** *Babesia felis*. Diese Parasiten (*Pfeil*) liegen im Inneren von roten Blutkörperchen (= R). **C.** *Hepatozoon canis*. Dieser Erreger (*Pfeil*) liegt in einem weißen Blutkörperchen und tritt niemals in roten (= R) auf.

prozesse zerstören. Sie werden durch den Stich von Schildzecken (*B. felis, C. felis*) oder durch Fressen von Schildzekken seitens der Katze (*H. canis*) übertragen (Abb. 67 B, C). Die auftretenden Symptome sind Fieber, Anämie, Gelbsucht und generelle Schwäche mit Sehbeschwerden. Ohne Behandlung kann es zu tödlich verlaufenden Erkrankungen kommen. Nach Literaturangaben zeigten die in Deutschland allerdings nicht bzw. noch nicht verfügbaren Medikamente Acaprin® (*B. felis*), Clexon®, Terit® (*C. felis*) und Imizol® (*H. canis*) Wirkung. Bei Importtieren müssen diese intrazellulären, einzelligen Parasiten deutlich im Blutbild (s. Abb. 67 B, C) von den einheimischen Bakterien (Rickettsien) aus der Gruppe der Haemobartonellen (s. Abb. 67 A) abgegrenzt werden. Letztere liegen als kugelige oder stäbchenartige Erreger auf den roten Blutkörperchen bei etwa gleicher Größe (0,3–1,5 µm) wie die hier zitierten Einzeller vor (s. Abb. 67 A) und führen auch zu ähnlichen Krankheitssymptomen. Die Haemobartonellen können allerdings nur mit Chlor- bzw. Oxytetrazyklinen (über mehrere Tage 10 mg/kg Körpergewicht, 3 × täglich, oral) bekämpft werden.

Herzwurm (*Dirofilaria immitis*)

Ein Prinz als verzauberter Wurm
nahms Herz der Mieze im Sturm,
doch weil keine Prinzessin ihn küßte,
er weiter als Herzwurm büßte.

Geographische Verbreitung. Weitverbreitet in tropischen und subtropischen Gebieten; aus dem südlichen Europa erfolgt ein gelegentliches Einschleppen nach Deutschland.

Artmerkmale und Entwicklung. Die geschlechtsreifen Fadenwürmer (sog. Makrofilarien), die als Hauptwirt den Hund befallen, werden als Weibchen bis 30 cm, als Männchen bis 18 cm lang. Sie besiedeln die Lungenarterie und die rechte Herzkammer und trinken Blut (Abb. 68 A). Die vom Weibchen abgesetzten ersten Larven (sog. Mikrofilarien) werden zwar 0,3 mm lang, können aber wegen des geringen Durchmessers von 0,008 mm nur mit Hilfe eines

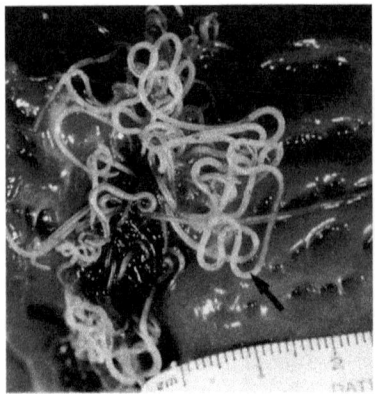 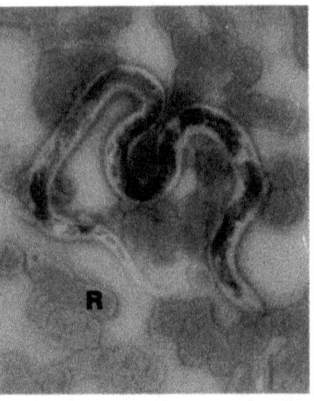

Abb. 68. Herzwurm: *Dirofilaria immitis*. **A.** Makroskopische Aufnahme eines Knäuels von geschlechtsreifen Würmern (*Pfeil*) im Herzen. **B.** Larve (= Mikrofilarie) im Giemsa-gefärbten Blutausstrich. R = Rotes Blutkörperchen.

Mikroskops gesehen werden (Abb. 68 B). Sie treten mit einer gewissen Häufung täglich um 18 Uhr im peripheren Blut auf und können dann von den Überträgern (Stechmükken der Gatt. *Aedes, Anopheles, Culex*, s. S. 104) aufgenommen werden. In diesen entwickelt sich schließlich nach 2 Häutungen die Larve 3, die beim darauffolgenden Saugakt wieder übertragen wird. In der Katze dauert es dann etwa 6–9 Monate, bis nach einer weiteren Häutung die Geschlechtsreife erlangt ist. Ohne Behandlung können diese Adulten dann 5–6 Jahre in der Katze überleben (Wanderwege, s. Abb. 69).

Befallsmodus. Übertragung beim Stich von blutsaugenden Mückenweibchen.

Anzeichen der Erkrankung (Herzwurmkrankheit, Dirofilariose). Starker Husten, Blut im Speichel, Nachlassen der Laufleistung, Venenstauungen, Oedeme, Schwellungen,

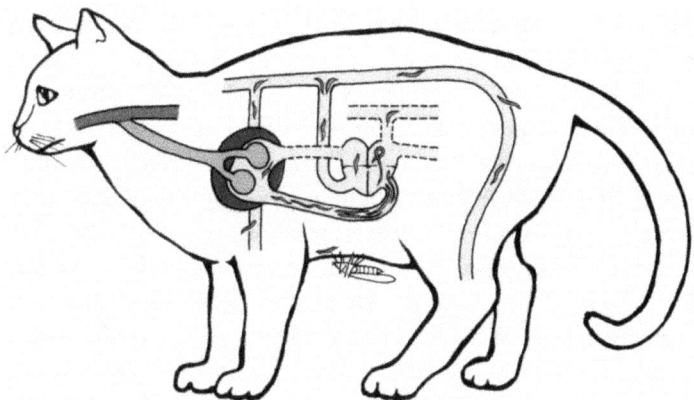

Abb. 69. Schematische Darstellung der Aufenthaltsorte und der Wanderwege der Entwicklungsstadien (*rot*) des Herzwurms (*D. immitis*) im Blutgefäßsystem der Katze. Gelb = Blutgefäßsystem und Herz; pink = Lunge; braun = Luftröhre; grün = Darm; rot = Würmer.

Lebervergrößerung, Erweiterung der rechten Herzkammer, Bluthochdruck: ohne Behandlung kann der Tod eintreten.

Infektionsgefahr für den Menschen. Nein, was den Kontakt mit befallenen Katzen betrifft. Allerdings können infizierte Mücken den Wurm auch auf den Menschen übertragen.

Diagnosemöglichkeiten. Mikroskopischer Nachweis der Mikrofilarien im Blutausstrich (s. Abb. 68 B). Angiographie nach Erscheinen typischer Symptome (s. o.).

Vorbeugung. Auftragen von insektenabwehrenden Repellents (z. B. Autan®) auf das Fell in südlichen Ländern; Verabreichung von Heartgard-30® (MSD AGVET – nicht in Deutschland registriert, aber in den USA und England). Tablette 1 × monatlich verabreichen.

Behandlungsmaßnahmen. Auf adulte Würmer wirken Concurat-L® und Ivomec® und die nur im Ausland erhältlichen Arsenamide®, Carpasolate®, Filaramide®, Immiticide®. Diese zudem meist nur für den Hund zugelassenen Substanzen dürfen nur vom Tierarzt verabreicht werden, der zudem noch Antihistaminika (gegen allerg. Reaktionen gerichtete Substanzen) spritzen muß, da der plötzliche Tod der doch relativ großen Würmer wegen des Freisetzens von Fremdeiweiß zu stärkeren allergischen Reaktionen bis zum tödlichen Schock bei der Katze führen kann. Zudem sind einige der Substanzen sehr toxisch, so daß der Tierarzt die Abwägung zwischen Schaden durch den Befall und durch das Medikament treffen muß.

Parasiten in anderen Organen

*Hat der Parasit erst den Darm passiert,
lebt er überall ungeniert.*

Zwar werden de facto die meisten Organe der Katze von wandernden Parasiten heimgesucht, aber dennoch haben in der Praxis hier nur wenige Parasiten eine Bedeutung als Krankheitserreger erlangt. So befällt *Toxoplasma gondii* außer den Darm (s. S. 121) das RES-System, die Leber, die Milz, die Muskulatur und das Gehirn, während sich insbesondere Bandwurmlarven (s. S. 142 ff.) und Trichinen (s. u.) in der Muskulatur einnisten.

Toxoplasma gondii

T. gondii benutzt die Katze nicht nur als Endwirt, in dem dieser Erreger seine geschlechtliche Entwicklung im Darmepithel vollendet (s. S. 121), sondern zieht sie auch als Zwischenwirt heran. Dabei werden nicht nur alle Zellen des reticulo-endothelialen Systems (RES) durch sich schnell vermehrende Stadien (Tachyzoiten) befallen, sondern auch die Zellen der Muskulatur und des Gehirns, in denen dann die typische Zystenbildung erfolgt (s. Abb. 2 B, C). Wie die anderen Zwischenwirte (so der Fehlwirt Mensch, von dem aus die Entwicklung nicht weitergeht, es sei denn, er wird von einem Löwen etc. gefressen) kann die Katze ebenfalls akut an Toxoplasmose erkranken und die gleichen Symptome zeigen (s. S. 123). Zur medikamentösen Behandlung eignen sich Sulfonamide, Spiramycin oder Clindamycin (täglich über 2–3 Wochen vom Tierarzt durchzuführen).

Trichinen (*Trichinella spiralis*)

*Wenn der Kater sich erhitzt,
auch die Trichine im Muskel schwitzt.*

Geographische Verbreitung. Weltweit in endemischen Gebieten.

Artmerkmale und Entwicklung. Die geschlechtsreifen Würmer werden nur wenige mm lang (Weibchen bis 4 mm; Abb. 70 A). Sie leben nur für wenige (4–6) Wochen im Darmlumen von Fleisch- bzw. Allesfressern, wobei sie sich mit ihrem Vorderende in die Schleimhaut einbohren. Die vom Weibchen in wenigen Tagen direkt abgesetzten 2000 Larven dringen noch in diesem Wirt über die Blutbahn ins Innere von Muskelfasern vor. Dort wachsen sie heran und stimulieren die Zelle zu Riesenwachstum und Umgestaltung. In diesen Zellen sind sie für Jahre lebensfähig, bis ein neuer Fleischfresser die befallene Muskulatur roh aufnimmt (Abb. 70 B). In dessen Darm schlüpfen die Larven und erreichen über Häutungen in 5–7 Tagen die Geschlechtsreife.

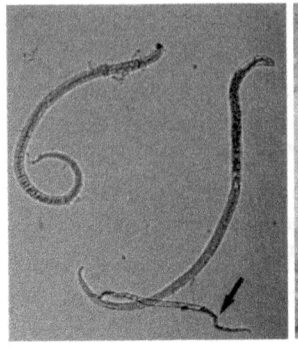 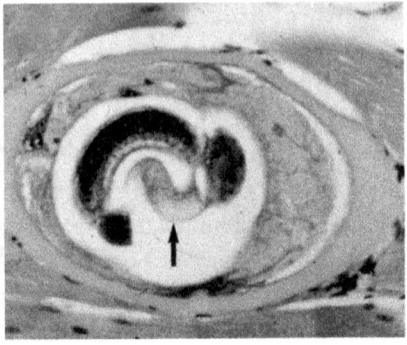

Abb. 70. Lichtmikroskopische Abbildung von Trichinen (*Trichinella spiralis*). **A.** Zwei Weibchen und ein Männchen (*Pfeil*). **B.** Die übertragungsfähige Larve (*Pfeil*) liegt in einer Muskelfaser, deren innerer Bereich infolge des Befalls verändert wurde.

Befallsmodus. Fressen von larvenhaltigem Fleisch (z. B. Mäuse).

Anzeichen der Erkrankung (Trichinose)
a) Bei Befall des Darms mit den Adulten: Durchfall, Fieber.
b) Bei Befall der Muskeln: Steifheit der Bewegungen, Atemnot, Atembeschleunigung, Behinderung der Atemtätigkeit; evtl. Folge: Atemstillstand.

Infektionsgefahr für den Menschen. Nur bei Genuß rohen, trichinenhaltigen Katzenfleisches; anders können die Stadien von der Katze nicht zum Menschen übertreten. Ansonsten besteht die Hauptgefahr für den Menschen in infiziertem Schweinefleisch oder Bärenschinken etc. (s. Abb. 70 B).

Diagnosemöglichkeiten. Muskelbiopsie, serologischer Nachweis (IIFT, ELISA-Verfahren).

Vorbeugung. Vermeidung des Fressens von Mäusen, Ratten oder unbeschautem Wildschweinaufbruch durch Gewöhnung an Dosenfutter.

Behandlungsmaßnahmen. Eine Chemotherapie ist erfolgreich mit den verschreibungspflichtigen Präparaten Minzolum®, Vermox®, Panacur® durchzuführen.

8 Wurmeitafeln

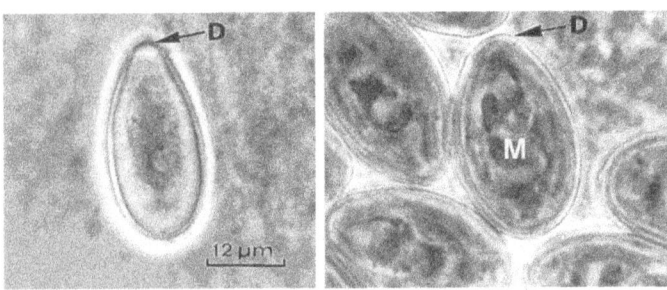

Abb. 71. Lichtmikroskopische Aufnahmen der Eier der Saugwürmer (Trematoden) der Katze vom (**A**) *Opisthorchis*-Typ mit deutlichem Deckel (= D), (**B**) *Heterophyes*-Typ. M = Miracidium-Larve.

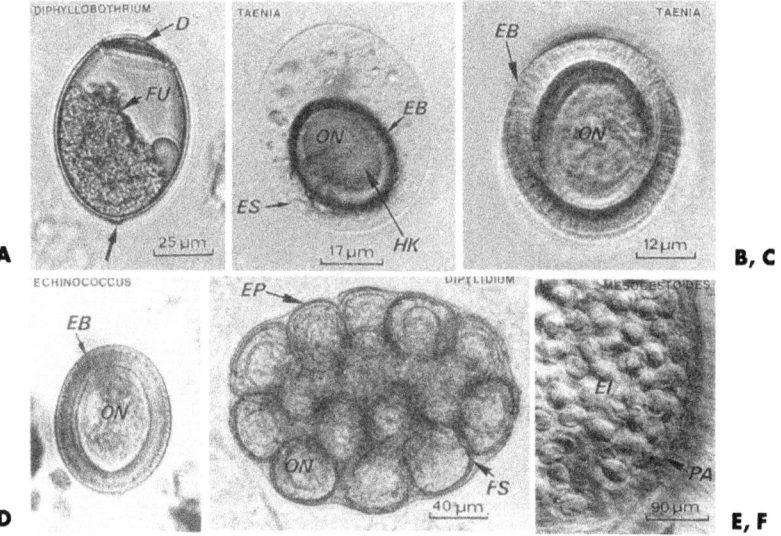

Abb. 72. Lichtmikroskopische Aufnahmen von Eiern der Bandwürmer (Cestodes) der Katze. **A.** Fischbandwurm (*Diphyllobothrium*). **B, C.** Katzenbandwurm (*Taenia*-Typ); Eier mit (**B**) und ohne (**C** = spätere Entwicklung) Eischale. **D.** Fuchsbandwurm (*Echinococcus*); hier ist das Ei vom *Taenia*-Typ. **E.** Das Eipaket des Gurkenkernbandwurms (*Dipylidium caninum*) enthält mehrere Eier. **F.** *Mesocestoides*-Eier im Paruterin-Organ. D = Deckel; EB = Embryophore (innere Hülle); EI = Eier im Paruterinorgan; EP = Eipaket; ES = Eischale; FU = Furchungsstadium; HK = Haken; ON = Oncosphaera (= Larve des Bandwurms); PA = Paruterinorgan.

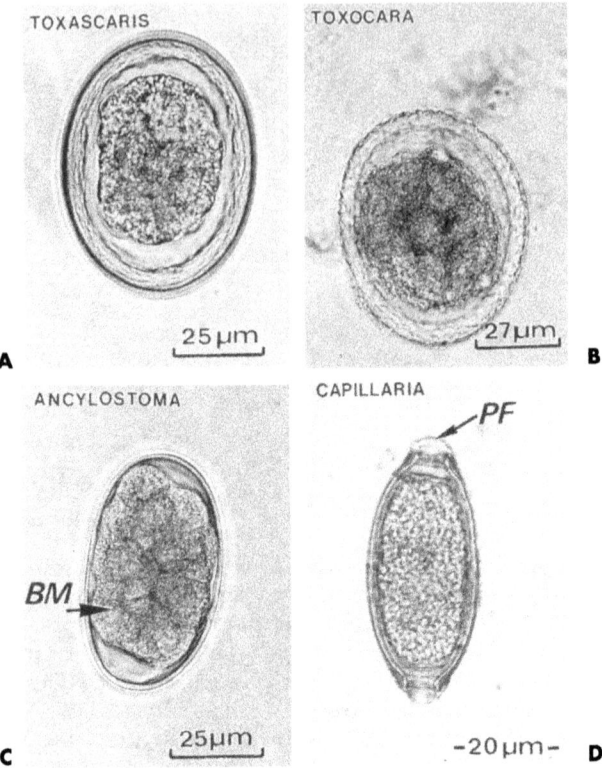

Abb. 73. Lichtmikroskopische Aufnahmen der Eier von Fadenwürmern der Katze. **A.** *Toxascaris* (Spulwurm). **B.** *Toxocara* (Spulwurm). **C.** *Ancylostoma* (Hakenwürmer). **D.** *Capillaria* (Arten in der Niere und Lunge).

9 Beispiele für Wurmkuren

Für Tiermedikamente gelten die gleichen Vorsichtsmaßnahmen wie für Humanpräparate:

a) Medikamente müssen vom Arzt verschrieben werden.
b) Sie müssen von Kindern unzugänglich aufbewahrt werden.
c) Die Lagerung von Medikamenten muß entsprechend der Packungsanweisung erfolgen.
d) Die Verabreichung und Dosierung (Menge und Zeit, Abb. 74) muß nach Anweisung des Arztes erfolgen (viel hilft **nicht immer** viel, es kann **tödlich** sein).
e) Das Medikament sollte nur für die Tierart verwendet werden, für die es verschrieben wurde.
f) Das Haltbarkeitsdatum muß eingehalten werden.
g) Die Entsorgung nicht verwendeter Medikamente sollte über die Apotheke erfolgen.

Banminth® Katze
(Fa. Pfizer, Karlsruhe)

Breitspektrum-Anthelminthikum gegen Fadenwürmer (Spul- und Hakenwürmer) bei Katzen. **Zusammensetzung:** 1 g enthält 115,30 mg Pyrantel-hydrogenpamoat (= 40 mg

Abb. 74. Schematische Darstellung eines Diskussionsforums zu Verabreichungs- und Nebenwirkungsfragen bei Wurmmitteln.

Pyrantel). **Packungsgrößen:** Oralinjektoren mit 2 und 3 g. **Verfallsdatum:** Unbedingt einhalten.

Dosierungsanleitung: 0,5 g Paste je kg Körpergewicht – entsprechend einem Teilstrich auf dem graduierten Injektor – oral verabreichen. Der Inhalt eines 2 g-Injektors reicht aus zur Entwurmung einer erwachsenen Katze bis zu 4 kg Körpergewicht, der eines 3 g-Injektors für schwerere Katzen bis 6 kg Körpergewicht.

Art der Anwendung

- Zum Eingeben.
- Die erforderliche Pastenmenge ist auf einmal zu verabreichen.
- Diätmaßnahmen sind nicht notwendig. Wegen des neutralen Geschmacks erfolgt die Aufnahme der Paste bereitwillig.
- Die Verabreichung erfolgt direkt ins Maul, vermischt mit dem Futter oder zum Ablecken auf die Pfoten.
- Die direkte Eingabe ins Maul ist mit dem handlichen Oralinjektor einfach und problemlos. Unter leichter Fixierung des Kopfes mit einer Hand wird die Paste in kleinen Schüben hinter den oberen Eckzahn auf die Zunge gegeben.

Entwurmungsplan

1. Die routinemäßige Entwurmung

Katzenwelpen bis zum Alter von 12 Wochen: Erste Behandlung im Alter von 10–14 Tagen, weitere Entwurmungen in wöchentlichen Abständen, 2–3 Wochen über das Absetzen hinaus. Soweit danach noch Infektionsmöglichkeiten bestehen, sind bis zur 12. Lebenswoche weitere Entwurmungen in 14tägigen Abständen vorzunehmen.

Katzen ab der 13. Lebenswoche: Bei älteren Tieren sind unter guten hygienischen Umweltbedingungen regelmäßige Entwurmungen im Abstand von 3 Monaten ausreichend. Mangelhafte Hygiene und Bedingungen, die die Entwicklung invasionsfähiger Wurmstadien begünstigen (Wärme und Feuchtigkeit) erfordern Wurmkuren in wesentlich kürzeren Abständen.

Zuchtkatzen: Katzen sind jeweils in der 2., 4., 6., 8., 10. und ggf. 12. Woche nach dem Werfen zusammen mit ihren Welpen zu entwurmen. Katzen ohne Welpen sind unter guten hygienischen Verhältnissen wie alle anderen erwachsenen Katzen im Abstand von 3 Monaten regelmäßig zu entwurmen.

2. Bei festgestelltem Wurmbefall

Sofortige Entwurmung mit Wiederholung nach 2–3 Wochen.

Telmin® KH
(Fa. Janssen GmbH, Neuss)

Breitband-Anthelminthikum gegen Fadenwürmer (Peitschenwürmer, Hakenwürmer, Spulwürmer) und Bandwürmer bei Katze und Hund. **Zusammensetzung:** Eine Tablette enthält 100 mg MEBENDAZOL. **Packungsgrößen:** Originalpackungen mit 10 und 100 Tabletten. **Gegenanzeigen:** Bisher nicht bekannt. **Nebenwirkungen:** Bisher nicht bekannt.

Dosierung

1. Ausschließlich mit Spulwürmern infizierte Tiere:
– Junge Katzen unter 2 kg Körpergewicht (KGW):
   1/2 Tablette am Morgen und 1/2 Tablette am Abend während 2 aufeinanderfolgender Tage.
– Erwachsene Tiere über 2 kg KGW:
   1 Tablette am Morgen und 1 Tablette am Abend während 2 aufeinanderfolgender Tage.

2. Mit mehreren Wurmarten infizierte Katzen und Hunde:
- Katzen unter 2 kg KGW:
  1/2 Tablette am Morgen und 1/2 Tablette am Abend während 5 aufeinanderfolgender Tage.
- Katzen von 2 bis 30 kg KGW:
  1 Tablette am Morgen und 1 Tablette am Abend während 5 aufeinanderfolgender Tage.

Art der Anwendung

Die Tablette kann auf folgende Weise verabreicht werden:
- direkt hinten in die Kehle legen und abschlucken lassen,
- zerdrücken und unter Futter oder Getränke mischen,
- in etwas Wasser zerfallen lassen und dann mit Futter oder Getränk mischen,
- in ein Stück Fleisch stecken.

Allgemeines Behandlungsschema

Katzenwelpen
- 3 Wochen nach der Geburt,
- 6 Wochen nach der Geburt,
- 3 Wochen nach dem Absetzen.

Jungkatzen und erwachsene Tiere
- 3 bis 4mal jährlich.

Die Behandlung erfolgt grundsätzlich vor jeder Impfung.

Flubenol® P (Fa. Janssen GmbH, Neuss)

Breitband-Anthelminthikum gegen Fadenwürmer und Bandwürmer bei Katzen und Hunden. **Zusammensetzung:** 1 ml Gel enthält 44 mg Flubendazol. **Packungsgrößen:** Originalpackungen mit 1 und 30 Applikatoren zu je 7,5 ml Gel. **Gegenanzeigen:** Nicht an trächtige und säugende Katzen verabreichen. **Nebenwirkungen:** Vereinzelt Erbrechen. **Wechselwirkungen mit anderen Medikamenten:** Bisher unbekannt.

Dosierung: 1 ml Gel pro 2 kg Körpergewicht (KGW) entsprechend 22 mg Flubendazol pro kg KGW.

Art und Dauer der Anwendung: Das Gel wird auf den Zungengrund der Katze gegeben, es kann auch seitlich in die Backentasche eingegeben werden; aufgrund der guten Akzeptanz ist auch das Einmischen des Gels unter das Futter möglich.

1. Mit Nematoden infizierte Katzen

1 ml Gel pro 2 kg KGW einmal täglich an 2 aufeinanderfolgenden Tagen verabreichen. Bei Askaridenbefall kann insbesondere bei Welpen nicht immer eine vollständige Wurmfreiheit erreicht werden, so daß ein Infektionsrisiko für Personen, die mit den Welpen in Kontakt kommen, weiterbestehen kann. Es werden nur adulte Würmer der Gattung *Toxocara* erfaßt, und es kann eine galaktogene Reinfektion stattfinden. Daher ist besonders bei Jungtieren auf die Einhaltung der Wiederholungsbehandlung im Abstand von 2 Wochen zu achten.

2. Mit Taenien infizierte Katzen

1 ml Gel pro 2 kg KGW 1mal täglich an 3 aufeinanderfolgenden Tagen verabreichen.

Allgemeines Behandlungsschema

Katzenwelpen
- 3 Wochen nach der Geburt
- 6 Wochen nach der Geburt
- 3 Wochen nach dem Absetzen.

Jungkatzen und erwachsene Tiere
- 3 bis 4mal jährlich.

Grundsätzlich ist bei den Entwurmungsintervallen die jeweilige parasitäre Infektion zu berücksichtigen und die Intervalle nach den Präpatenzzeiten der Parasiten zu wählen.
Vor Impfungen sollten Katzen und Hunde grundsätzlich entwurmt werden.

Droncit® (BAYER AG, Leberkusen), Bandwurmmittel für Katzen und Hunde

Zusammensetzung: 1 Tablette enthält 50 mg Praziquantel.

Anwendungsgebiete: Bei Hunden und Katzen: Gegen reife und unreife Darmstadien von *Echinococcus granulosus, Echinococcus multilocularis, Dipylidium caninum, Taenia ovis, Taenia pisiformis, Taenia hydatigena, Multiceps multiceps, Mesocestoides* spp., *Hydatigera (Taenia) taeniaeformis, Joyeuxiella pasqualei.*

Gegenanzeigen: Nicht bekannt. Nebenwirkungen: Nicht bekannt. Wechselwirkungen mit anderen Mitteln: Nicht bekannt.

Dosierungsanleitung: Die Dosis beträgt 5 mg Wirkstoff pro kg Körpergewicht (KGW); das entspricht **1 Tablette für 10 kg KGW**. Hieraus resultiert folgendes Dosierungsschema (bei Hund und Katze):

- bis 5 kg = 1/2 Tablette,
- 5–10 kg = 1 Tablette,
- 10–20 kg = 2 Tabletten,
- 20–30 kg = 3 Tabletten,
- 30–40 kg = 4 Tabletten etc.

Bei Trematodenbefall muß die Tablettenanzahl entsprechend erhöht werden, daß die jeweils notwendige Dosis erreicht wird.

Art und Dauer der Anwendung: Soweit nicht anders verordnet, genügt die einmalige Gabe von Droncit®. Die Eingabe der Tabletten erfolgt direkt oder eingehüllt in Fleisch bzw. Wurst oder zerkleinert mit dem Futter. Diätetische Maßnahmen bzw. Futterentzug sind nicht erforderlich. **Wartezeit:** entfällt.

Wissenswertes: Anstelle von Droncit®-Tabletten kann die Bandwurmbehandlung bei Katzen und Hunden auch mit Droncit®-Injektionslösung (56,8 mg Praziquantel/ml) durchgeführt werden. **Packungsgrößen:** Schachtel mit 2 Tabletten oder Schachtel mit 20 Tabletten.

Hinweis: Ab 1994 wird in Deutschland ein Kombinationspräparat (Drontal® Tablette = 1 Tablette für 5 kg KGW) auch für die Katze zugelassen sein, das als Drontal Plus® z. Zt. nur für Hunde verfügbar ist und sowohl Faden- als auch Band- und Saugwürmer abtötet. Ab 1995 wird Droncit spot on® (0,5 ml/2,5 kg Kgw) zugelassen und infolge des Auftropfens leicht zu verabreichen sein.

10 Glossar: Erklärung von Fachausdrücken

A

Abdomen Hinterkörper bei Insekten, Rumpf beim Menschen.

Abszeß *lat.* abcessus. Mit Höhlenbildung verbundene Eiteransammlung im Körper bzw. in der Haut. Die Ursachen können in gewebezerstörenden Erregern wie Bakterien, Parasiten liegen.

Adultus Auch Imago, bezeichnet das geschlechtsreife Männchen oder Weibchen eines Parasiten.

AIDS *Engl.* Acquired immunodeficiency syndrome: erworbenes Immundefektsyndrom; vielschichtige Erkrankungen des Menschen, die auf die Infektion mit einem Virus (HIV) zurückgehen, das die Abwehrzellen des Menschen befällt und in ihrer Funktion behindert. Zahlreiche Parasitosen (Pneumocystose, Toxoplasmose. Cryptosporidiose) sind die »Hauptkiller« bei AIDS-Patienten.

Akarizid Mittel gegen Zecken und Milben, wirken als Fraß-, Kontakt- oder Atemgifte; häufig haben sie auch eine Wirkung auf Insekten.

Allergie Überempfindlichkeit, Unverträglichkeitsreaktion des körpereigenen Immunsystems (frühestens nach Zweitkontakt); kann in schweren Fällen bis zum sog. anaphylaktischen Schock (= Versagen vieler Organe mit Todesfolge) führen.

Alveole Bläschen in der Lunge zum Sauerstoffaustausch, auch Zahnfach bzw. Zahntasche im Kiefer.
Anämie *Griech*. Blutarmut; im mikroskopischen Bild ist die Anzahl der roten Blutkörperchen stark reduziert. Die Gründe hierfür sind vielfältig. Auch Parasiten zerstören diese Zellen.
Antikörper Eiweißstoffe (Globuline), die vom Körper (B-Lymphozyten) zur Abwehr von Erregern gebildet werden und frei im Blut schwimmen.
Anthelminthikum Medikament gegen Würmer.
Art Systematischer Begriff in der Zoologie, der Tiere einschließt, die miteinander reproduktionsfähigen Nachwuchs zeugen können (s. Gattung).
Asthma Schweres, kurzes Atmen; Erkrankung, die auf die verschiedensten Ursachen zurückgehen kann. Eine Ursache kann kann die allergische Reaktion auf Hausstaubmilben oder Teilen davon sein.
Autoinfektion s. Eigeninfektion

B

Bakterien Unter dem Lichtmikroskop sichtbare, nichtgrüne, mit oder ohne Sauerstoff wachsende, auf Kosten eigener oder fremder Energieproduktion lebende, zellulär aufgebaute, eher dem Pflanzenreich zugehörende, niedrig organisierte Mikroorganismen: diese kugel-, stäbchen- oder schraubenförmigen Organismen existieren in ungeheurer Formenvielfalt als freilebende oder »parasitäre« Arten.
Bandwurm Meist lange, abgeflachte Würmer, bei denen in sog. Proglottiden in regelmäßigen Abständen die zwittrigen Geschlechtsorgane mehrfach wiederholt werden. Die letzten Proglottiden werden abgeschnürt. Manche Bandwurmarten haben 2000, andere nur 6 Proglottiden.
Biopsie Von *griech*. opsis = Betrachten. Entnahme von Gewebeteilen aus lebenden Tieren oder Menschen

(unter Betäubung) zur näheren (meist mikroskopischen) Untersuchung.

Blutkörperchen Freie Zellen im Blut. Rote BK = Erythrozyten dienen dem Gasaustausch, weiße BK = Leukozyten der Abwehr; Blutplättchen = Thrombozyten dienen der Gerinnung des Blutes in Wunden.

C

Cestodes s. Bandwurm.
Chelicerata s. Spinnentiere.
Chitin Von *griech.* chiton = Gewand, Kleid; gerüstartige Grundsubstanz (aus Zucker und Eiweißen = Proteinen) des Panzers von Insekten und Krebsen.

D

Diaplazentare Infektion Durch die Nährschicht im Uterus erfolgende Infektion.
Diarrhöe Durchfall; die Gründe hierfür sind vielfältig.
Differentialdiagnose Untersuchungsmaßnahmen zur Feststellung von Unterschieden zu anderen symptomgleichen Erkrankungen.
Dosis Menge eines Medikaments, die verabreicht wird, um einen therapeutischen Effekt zu erzielen.

E

Egel Begriff, der zum einen Saugwürmer (Trematodes der Plattwürmer) und zum anderen Blutegel (Stamm Ringelwürmer) einschließt.
Eigeninfektion Ansteckung mit Erregern, die bereits im Körper vorhanden sind und dort (evtl. an anderer Stelle) gleich wieder eine Entwicklung beginnen, was bei geschwächtem Immunsystem zu einem Massenbefall führen kann.
Ektoparasit Parasit, der die Oberfläche von Wirten befällt und dort Blut saugt oder sogar in die oberen Schichten der Haut ganz oder mit den Mundwerkzeugen eindringt.

Emesma Erbrochenes.
Endoparasit Parasit, der in den Darm, Körperhöhlen oder in die verschiedenen Organe eines Wirts eindringt.
Endwirt Auch definitiver Wirt genannt: Wirtstypus, in dem die Parasiten ihre Geschlechtsreife erlangen.
Eosinophilie Bei bestimmten Wurmerkrankungen reagiert der Wirt mit vermehrter Bildung von bestimmten Freßzellen im Blut (eosinophile Granulozyten), deren erhöhte Anzahl somit auf einen Befall hinweist.
Epidermis Von *griech*. derma = Haut; äußere Schicht der Haut (ohne Blutgefäße).
Epithel Von *griech*. epithelein = wachsen; Zellen, die äußere oder innere Oberflächen von Organsystemen oder der Gefäße auskleiden.
Erythrozyt *Griech*.; kernloses rotes Blutkörperchen von etwa 5,6 µm Durchmesser bei der Katze. Diese Zellen, von denen es bei der Katze $5,5-9,5 \times 10^{12}$ pro Liter Blut gibt, enthalten den zur Atmung notwendigen Blutfarbstoff Hämoglobin.

F

Fadenwurm Zool. Stamm (Nematodes) von drehrunden, fadenartig erscheinenden Würmern, von denen die meisten freilebend im Boden leben. Sie sind getrenntgeschlechtlich, so daß meist äußerlich unterschiedliche Männchen oder Weibchen auftreten. Einige Arten gehören aber zu den bedeutendsten Parasiten von Menschen, Tieren und Pflanzen.
Fäzes *Lat*. faeces = Kot; verdaute und unverdaute Futterreste, die über den After ausgeschieden werden. Die Menge, Konsistenz, Farbe und Zusammensetzung sind abhängig vom Futter und dem Grad der Darmfunktion. Geformte Fäzes enthalten immerhin noch 75–85 % Wasser, Durchfallfäzes bis zu 99 %.

Fehlwirt Besondere Form des Zwischenwirts. Aus biologischen oder ethischen Gründen endet die hier stattfindende Parasitenentwicklung in einer »biologischen Sackgasse« und die weitere Übertragung unterbleibt. So ist der Mensch Fehlwirt bei *Echinococcus* (s. Buchtext), weil er nicht vom Endwirt Fuchs oder Katze gefressen wird.

Frönen Heute: lustig in den Tag leben, früher: Arbeit (= Fron) für den Lehnsherrn leisten.

G

Gastritis Entzündung der Magenschleimhaut aufgrund sehr unterschiedlicher Ursachen.

Gattung Systematischer Begriff, der die verwandten Arten einschließt, d.h. alle Arten einer Gattung tragen gemeinsam den ersten = Gattungsnamen. Beim Katzenfloh *Ctenocephalides cati* ist *Ctenocephalides* der Gattungs- und *cati* der Artname.

H

Hauptwirt Pflanzen- oder Tierart, in der sich ein Parasit am häufigsten aufhält.

Hermaphrodit s. Zwitter.

HIV Humanes Immundefizienz-Virus, von dem es beim Menschen zur Zeit zwei Typen mit insgesamt 7 Varianten gibt. Das Virus zerstört die Abwehrzellen des Menschen und unterdrückt so das Immunsystem; es wirkt somit immunsuppressiv.

Hypersensibilität Überempfindlichkeit.

I

Imago s. Adultus

Immunsystem Abwehrsystem von Wirbeltieren gegen Eindringlinge (Erreger, aber auch Fremdkörper wie Splitter). Zum mehr oder minder vorbeugend schützenden Effekt (Immunität) tragen u. a. Antikörper (=

Eiweißstoffe) und bestimmte Freßzellen bei, die nach einer erfolgten Infektion gebildet werden, im Blut herumschwimmend die Erreger prinzipiell vernichten können. Einmal gebildete Antikörper schützen eine Zeitlang oder dauernd vor einem Neubefall mit dem jeweiligen Erreger (Immunitätsdauer).

Infektion Aus dem *lat.* inficere: hineinstecken, einfügen. Dieser Begriff bezeichnet eigentlich nur die Übertragung von Erregern in einen Wirt und noch nicht die nachfolgende Vermehrung in ihm. Heute aber wird darunter meist die »erfolgreiche« Übertragung mit Erregerausbreitung im Wirt verstanden.

Inkubationszeit Zeitspanne vom Zeitpunkt der Parasiteninvasion in einen Wirt bis zum Auftreten von Krankheitssymptomen.

Insekten *Lat.* insecta = Kerbtiere; *griech.* Hexapoda = Sechsfüßer; Klasse des zoolog. Stammes der Gliedertiere (Arthropoda; entwickeln sich aus Eiern über Larven (und bei einigen Arten über ein Puppenstadium) zum Adultus; sie besitzen 6 Beine, die am Thorax befestigt sind, und haben einen Außenpanzer aus Chitin. Es gibt freilebende (z. B. Käfer, Schmetterlinge) und parasitische Insekten (z. B. Flöhe, Läuse).

Insektizid Mittel gegen Insekten (Fliegen, Mücken, Flöhe etc.); manche wirken auch gegen Zecken und Milben, s. Akarizid.

Intramuskulär Injektion in den Muskel.

Intrauterine Infektion Beim Foetus (heranwachsendes Leben) im Uterus erfolgende Infektion.

K

Käfer Ordnung der Insecta (Kerbtiere); Entwicklungsstadien: Ei, Larve, Puppe, Adultus; sie fressen Pflanzen oder leben als Räuber; sie können bei Massenvermehrung in Wohnungen zu Schädlingen werden.

Kommensalismus Kleine Tiere beteiligen sich am Mahl (*lat.* mensa) von größeren Tieren, ohne Schäden anzurichten.
kongenital Angeboren.
konnatale Infektion Von lat. natus = Geburt; zum Zeitpunkt der Geburt erfolgende oder bereits eingetretene Infektion.
Kruste Eingetrocknete Schicht von Blut oder Eiter.

L
Larvenstadium Von *lat.* larvare: verstecken; hierbei handelt es sich um definierte und formbeständige Entwicklungsstadien von Parasiten (oder anderen Tieren und Pflanzen), die im Inneren noch nicht den kompletten Organbestand adulter (geschlechtsreifer) Tiere aufweisen. Bei Fadenwürmern, Insekten und Zecken wachsen die Larvenstadien durch Häutungen.
Leukozyt Sammelbegriff für alle weißen Blutkörperchen. Die Normwerte liegen bei der Katze zwischen 9000 und 20000 pro µl Blut. Bei Infektionen steigt die Anzahl dieser Zellen an.

M
Milben Kleine Spinnentiere mit ungegliedertem Körper; Entwicklungsstadien: Ei, Larve, Nymphe, Adultus.

N
Nebenwirt Pflanzen- oder Tierart, die zwar prinzipiell von einem bestimmten Parasiten befallen werden kann, wo aber Infektionen relativ selten auftreten.
Nematodes s. Fadenwürmer.
Nymphe Von *griech.* nymphe: Braut. Besonderes, zweites Larvenstadium der Zecken, Milben und bestimmter Insekten; es gleicht weitgehend den Geschlechtstieren, besitzt aber noch keine voll funktionsfähigen Geschlechtsorgane.

O

Ödem (pl. Ödema) *Griech.* Schwellung durch Flüssigkeitseinlagerung; die Gründe hierfür sind vielfältig.
Oral Aufnahme durch den Mund.
Organ Teil des Körpers.
Organell Abgeschlossener Teil der Zelle, der bestimmte Funktionen erfüllt.

P

Papel Kleiner (unter 10 mm Durchmesser), vorgewölbter Knoten.
Parasiten Der Name kommt aus dem Griechischen und bezeichnet Schmarotzertiere bzw. -pflanzen, die ihren Lebensunterhalt auf Kosten von Mensch, Tier oder Pflanze bestreiten und dabei zum Krankheitserreger werden können (aber nicht müssen). Befallen sie Pflanzen oder Schlachttiere, so werden einige – aus Sicht des Menschen – zu Schädlingen.
Parasitose Eine von Parasiten hervorgerufene Krankheit.
Patenz Dauer eines Parasitenbefalls.
Pathogenität Fähigkeit eines Erregers, eine Krankheit zu verursachen.
Plattwurm *Griech.* Plathelminthes. Zoolog. Stamm von meist zwittrigen Würmern, der freilebende Strudelwürmer (in Bächen), parasitische Saugwürmer (Egel) und Bandwürmer (Cestodes) enthält. Namensgebend ist die extreme Abflachung des Körpers, der die Stoffaufnahme durch die Oberfläche und den Nährstofftransport durch den Körper erleichtert.
Prädilektionsstelle Bevorzugter Ort beim Befall (z. B. Ohr, Gesicht etc.) bzw. Stelle des ersten Auftretens.
Präpatenz Zeitspanne von der Parasiteninvasion bis zum ersten Auftreten bzw. zur ersten Nachweismöglichkeit der parasitären Stadien im neuen Wirt. Im engeren Sinne ist der Begriff häufig auch nur auf das

Erscheinen geschlechtlich produzierter Stadien beschränkt.

Proglottiden Teile von Bandwürmern, die je einen oder (bei einigen Arten) zwei Sätze der Geschlechtsorgane ausbilden. Die hinteren Proglottiden, die Eier mit Larve enthalten, werden täglich vom Wurm abgeschnürt und gelangen mit dem Kot ins Freie.

Prophylaxe Vorbeugemaßnahmen.

Pustel Vorgewölbtes kleines Eiterbläschen.

Q

Quarantäne Von *franz.* quarante = vierzig. Früher: staatlich verordnete Absonderungszeit von infizierten Personen. Hier: gesonderte Aufstallung von Tieren zur Eliminierung von potentiellen Erregern bei der Einfuhr. Die Länge dieser Absonderungsperiode ist bei den Tierarten unterschiedlich und wird per Gesetz geregelt.

R

Regenwurm Bodenlebender, erdefressender, zwittriger Wurm, der zum zool. Stamm Annelida (Ringelwürmer) gehört. Da er auch Tier- und Hundekot frißt, ist er häufig Zwischenwirt verschiedener fäkal-übertragener Parasiten.

Repellent *Lat*; Abschreckmittel, Duftstoff bzw. Substanz, die – auf die Haut aufgetragen – den Anflug von Sauginsekten bzw. die Annäherung von Saugmilben und Zecken für 4–6 Stunden unterbindet.

Reservoirwirt Besondere Form des Zwischenwirts bzw. des Nebenwirts; von ihm aus können die Erreger immer wieder auf den Hauptwirt (evtl. Mensch) übertragen werden.

RES-System Retikulo-endotheliales System = Teil des zellulären Immunsystems.

Ringelwurm Wurmgruppe, zu der u. a. der Regenwurm, aber auch der Medizinische Blutegel gehören.

Rundwurm s. Fadenwurm.

S
Saugwurm *Lat.* Trematodes, Gruppe der Plattwürmer.

Schädlinge Tiere oder Pflanzen, die andere Tiere oder Pflanzen ganz oder teilweise fressen und so dem Menschen oder Tieren im Bemühen, seine Ernährung zu sichern, empfindlich schaden. Schädlinge können zudem Krankheitskeime verschleppen.

Serologie Wissenschaft, die sich u. a. mit der Isolierung von Antikörpern, die vom Wirt gegen Parasiten gebildet werden und im Blut nachzuweisen sind, beschäftigt. Je nach Menge der Antikörper im Blut kann ein Parasitenbefall aus 5 ml Vollblut bzw. 2 ml Serum ermittelt werden.

Serum Blutplasma = flüssiger Anteil des Blutes (ca. 50 %), schließt die drei Arten der Blutkörperchen (Erythro-, Leuko- und Thrombozyten) ein.

Spinnentiere Zool. Gruppe der Gliedertiere (Arthropoda), die u. a. Skorpione, echte Spinnen, Weberknechte sowie Zecken und Milben einschließt; Adulte haben 8 Beine; sie werden wegen der klauenartigen Mundwerkzeuge (Cheliceren) auch als Chelicerata bezeichnet.

Stapelwirt Besondere Form des Zwischenwirts, in dem Parasitenstadien aufgrund eines besonderen Verhaltens (z. B. Leben als Räuber) ungeschlechtliche Parasitenstadien angehäuft werden. Eine Vermehrung dieser Erreger erfolgt nicht im Stapelwirt.

Subcutan Injektion in die Haut.

Symptom Von *griech.* symptoma = zusammenfallen; Krankheitszeichen.

T
Thorax Brust bei Wirbeltieren; bei Insekten: mittlerer, die Beine und (wenn vorhanden) die Flügel tragender Körperabschnitt.

U

Ubiquitär *Lat.*; überall vorhanden, allgegenwärtig, weltweit.

Überträger s. Vektor.

Ungeziefer Bezeichnung für eine Vielzahl von Tieren, deren optischer Eindruck bzw. deren massenhaftes Auftreten den Menschen »grausen« läßt, unabhängig davon, ob sie Krankheitserreger sind oder sonst eine Gefahr darstellen.

Ungezieferphobie Ekel vor tatsächlich vorhandenen Insekten, Spinnen etc.: Patienten lassen sich von der Harmlosigkeit überzeugen.

Ungezieferwahn Ist eine Form der Geisteskrankheiten und beinhaltet die unbegründete Furcht vor objektiv nicht vorhandenen Parasiten. Patienten halten harmlose Partikel für gefährlich und bringen diese zu Fachleuten zur Diagnose, ohne sich von der Harmlosigkeit überzeugen zu lassen.

V

Vakuole Abgeschlossener Bereich einer Zelle, in dem z. B. aufgenommene Nahrung verdaut und/oder wichtige Substanzen gespeichert werden.

Vektor Überträger von Parasiten bzw. anderen Krankheitserregern. Es handelt sich meist um blutsaugende Insekten oder Zecken, die zugleich Zwischen- oder Endwirte im Entwicklungszyklus sein können.

Virulenz Grad, Maß für die krankmachenden Eigenschaften eines Erregers oder eines Stammes davon.

Virus *Lat.* virus (syn. virion). Im Lichtmikroskop nicht sichtbare, unter 200 nm große (1 mm = 1000 µm; 1 µm = 1000 nm), streng intrazelluläre und häufig pathogene, aber selbst nie zellulär strukturierte Mikroorganismen, die von der befallenen Zelle nach dem Eindringen nachgebaut werden.

Vomitus Erbrechen.

W
Weberknecht Ordnung der Spinnentiere; Körper mit 8 Beinen, aber ungegliedert; lebt räuberisch von kleinen Insekten.

Wirt Mensch, Tier oder Pflanze, die ein Parasit befällt und auf deren Kosten er sich ernährt.

Z
Zecken Spinnentiere mit ungegliedertem Körper; Entwicklungsstadien: Ei, Larve, Nymphe, Adultus; es gibt Leder- und Schildzecken.

Zelle Die kleinste, alle Lebensfunktionen erfüllende und sich selbst reproduzierende Einheit von Lebewesen; besteht aus Zelleib (= Zytoplasma mit Einschlüssen) und dem Zellkern.

Zellkern Körper im Zytoplasma der Zelle; Sitz der Erbsubstanz, steuert die Funktion der Zelle.

Zellwand Hülle, die aus »derbem« Material besteht und schützend die Zelle (Zellmembran) von Bakterien und echten Pflanzen umgibt.

Zoonose Erkrankung, die von Tierparasiten oder anderen beim Tier auftretenden Erregern (Viren, Bakterien) beim Menschen nach Übertragung vom Tier her hervorgerufen wird.

Zwischenwirt Mensch, Tier- oder Pflanze, in denen der Parasit zwar wächst und sich ungeschlechtlich vermehren kann, aber nie die Geschlechtsreife erlangt.

Zwitter *Griech.* Hermaphrodit; Tiere, die beide (männliche und weibliche) Geschlechtsorgane in sich tragen. Wenn zuerst die weiblichen Geschlechtsprodukte reifen, spricht man von Protogynie; von Protandrie, wenn zuerst die männlichen reifen. Beispiele für Zwitter: Band-, Saugwurm, Regenwurm, viele Schnecken.

Zyste Von *griech*. kystos, Blase, Hohlraum. Aus parasitologischer Sicht wird zweierlei verstanden. Zum einen schließt das Abwehrsystem des Körpers Erreger in Gewebezysten (aus Bindegewebe) ein und zum anderen scheiden die Parasiten selbst eine widerstandsfähige Wand ab, die sie im Freien vor Umwelteinflüssen schützt.

11 Weiterführende Literatur

Auer H, Aspöck H (1991) Incidence, prevalence and geographic distribution of human alveolar echinococcosis in Austria from 1854–1990. Parasitol Res 77:430–436

Bauer C, Stoye M (1984) Ergebnisse parasitologischer Kotuntersuchungen von Equiden, Hunden, Katzen und Igeln der Jahre 1973–1983. Dt Tierärztl Wschr 91:255–258

Boch J (1984) Die Kokzidiose der Katze. Tierärztl Praxis 12:383–390

Boch J, Supperer R (1992) Veterinärmedizinische Parasitologie. Verlag Paul Parey, Berlin (4. Aufl., Herausg. J. Eckert, Zürich)

Bollow H (1958) Vorrats- und Gesundheitsschädlinge. Frank'sche Verlagsanstalt, Stuttgart

Branders AR, Hoppenstedt K (1984) Zum Befall von Hunden und Katzen mit Zecken und Flöhen in Deutschland. Prakt Tierarzt 66:817–824

Brohmer P (1988) Fauna von Deutschland. Quelle und Meier, Heidelberg

Chinery M (1976) Insekten Mitteleuropas. Parey, Hamburg

Curtis CF (1986) Fact and fiction in mosquito attraction and repulsion. Parasitology Today 2:316–318

Dingler M (1950) Die Hausinsekten. Sebastian Lux, München

Eckert J (1988) Zur Bedeutung von Hund und Katze in den Infektketten parasitärer Zoonosen in Europa. Wiener Tierärztl Monatschr 12:457–465

Eckert J, Amman R (1990) Informationen zum sog. Fuchsbandwurm. Schweiz Ärztezeitung 71:63–67

Hasslinger MA (1985) Der Magenwurm der Katze (*Ollulanus tricuspis*) zum gegenwärtigen Stand der Kenntnis. Tierärztl Praxis 13:205–215

Hasslinger MA (1986) Praxisrelevante Helminthen der Fleischfresser. Tierärztl Praxis 14:265–273

Hasslinger MA, Omar H M, Selim M K (1988) Das Vorkommen von Helminthen in streunenden Katzen Ägyptens und anderer mediterraner Länder. Vet Med Nachr 59:76–81

Hauschild S, Schein E (1988) Die Bekämpfung des Flohbefalls bei der Katze mit Tiguvon. Wien Tierärztl Mschr 75:489–493

Hiepe T (1982) Lehrbuch der Parasitologie, Bd. 4: Veterinär-medizinische Arachno-Entomologie. G. Fischer, Jena

Hoffmann G (1986) Neue Entwesungsverfahren gegen die Braune Hundezecke ohne Belastung der Raumluft. Dtsch tierärztl Wochenschr. 93:418–422

Hoffmann G (1986) Schädlingsbekämpfung im Seuchen- und Hygienebereich – Mittel, Anwenderqualitfikation, Vektoren und übertragene Erreger. Bundesgesundheitsblatt 29:205–214

Jacobs W, Renner M (1988) Biologie und Ökologie der Insekten. G. Fischer, Stuttgart

Jungmann R, Hiepe T, Scheffler C (1986) Zur parasitären Intestinalfauna bei Hund und Katze mit einem speziellen Beitrag zur *Giardia*-Infektion. Monatsh Veterinärmed 41:309–311

Kettle DS (1984) Medical and Veterinary Entomology. Wiley Sons, New York

Kraft W, Dürr UM (Hrsg.) Katzenkrankheiten. 2. Aufl., Schaper Verlag Hannover

Kraft W, Kraiss-Gothe A, Gothe R (1988) Die *Otodectes cynotis*-Infestation von Hund und Katze. Tierärztl Praxis 16:409–415

Krauss H, Weber A (1986) Zoonosen. Deutscher Ärzteverlag Köln

Liebisch A, Kopp A und Olbrich S (1990) Zeckenborreliose bei Haustieren; Teil I: Infektionen bei Hunden und Katzen. Sonderdruck aus VET 10/90, V. Jg., Labhard-Verlag, Konstanz

Matuschka F-R, Spielman A (1989) Lyme Krankheit durch Zecken. Bild der Wissenschaft 8, Sonderdruck

Mehlhorn H (Ed) (1988) Parasitology in Focus. Springer, Heidelberg

Mehlhorn B, Mehlhorn H (1992) Zecken, Milben, Fliegen, Schaben. Schach dem Ungeziefer, 2. Aufl, Springer, Heidelberg

Mehlhorn H, Peters W, Eichenlaub D, Löscher G (1993) Diagnose der Parasiten des Menschen, 2. Aufl., G. Fischer, Stuttgart

Mehlhorn H, Piekarski G (1989) Grundriß der Parasitenkunde, 3. Aufl, UTB 1075, G. Fischer, Stuttgart

Mehlhorn H, Düwel D, Raether W (1993) Diagnose und Therapie der Parasitosen der Haus-, Nutz- und Heimtiere. 2. Aufl. 1993, G. Fischer, Stuttgart

Mourier H, Winding O (1979) Tierische Schädlinge und andere ungebetene Gäste in Haus und Lager. BLV Verlagsanstalt München

MSD Manual der Diagnostik und Therapie, Urban und Schwarzenberg, München 1988
Mumcuoglu Y, Rufli T (1983) Dermatologische Entomologie. Perimed Verlagsgesellschaft, Erlangen
Ökotest (1991) Insektizide. Ausgabe August
Reith B, Weber A (1989) Giardien-Nachweis bei koprologischen Untersuchungen von Hunden und Katzen. Vet 4:37–38
Schein ER, Gothe R, Hauschild S (1988) Ultraschallgeräte gegen Flöhe und Zecken nur umweltfreundlich? Kleintierpraxis 33:147–150
Schmidt V, Horzinek MC (Hrsg.) (1992) Krankheiten der Katze. G. Fischer, Jena
Siewing R (Ed) (1985) Lehrbuch der Zoologie: Systematik Bd. 2. G. Fischer, Stuttgart
Stoye M (1981) Helmintheninfektion und Spielplatzhygiene. Notabene medici 11:222–225
Weber H, Weidner H (1974) Grundriß der Insektenkunde. G Fischer, Stuttgart
Weidner H (1982) Bestimmungstabellen der Vorratsschädlinge und des Hausungeziefers Mitteleuropas. G. Fischer, Stuttgart

Listen

- **Holzschutzmittel:**
  Biol. Bundesanstalt für Land- und Forstwirtschaft in Braunschweig.
- **Desinfektionsmittel:**
  – s. Deutsche Gesellschaft für Hygiene und Mikrobiologie (Anruf bei entsprechenden Universitätsinstituten)
  – s. Deutsche Veterinärmedizinische Gesellschaft: Deutsches Tierärzte Blatt Heft 10 (1990): 7. Liste Firmen s. S.124, 158
  – Aktuelle Neuerungen: Telefon: 030/838 2790. Telefax 030(838 2792.
- **Insektizide:**
  – (1993) Liste des BGA, Bundesgesundheitsministerium (im Druck). Die aktuelle Liste kann vom Institut für Wasser-, Boden- und Lufthygiene des BGA, Corrensplatz 1, 1000 Berlin 33, gegen Voreinsendung von DM 3,- bezogen werden.
- **Pflanzenschutzmittel** (1989) Aco-Druck, Braunschweig.

12 Sachverzeichnis

A
Adulte 61
Aedes 105, 178
Aelurostrongylus
 abstrusus 173
Afipia felis 28
AIDS 37, 133, 172
Akarizide 79
Allergie 70
Ancylostoma 159, 186
– tubaeforme 46, 159
Ancylostoma-Arten 159
Angiographie 179
Ankylostomatidose 162
Anopheles 105, 178
Anthrenus 13
Antihistaminika 103
Antikörper 53
Apophallus mühlingi 137
Archaeopsylla erinacei 103
Argas 57
Arion 173
äußere Anzeichen 9

B
Babesia 67
– felis 175
Babesiose 68
Bakterien 27, 62, 72, 98, 107, 177
Bandwurm 185
Befallsmöglichkeit 20
Beißlaus 112
Bewegungsstörung 6
Blasenwurm 169
Blaue Fleischfliege 110
Blutkörperchen 176, 177
Blutparasit 175
Borrelia burgdorferi 62
Borreliose 62
Bothrien 139
Braune Hundezecke 58, 66
Braune Zecke 65
Brechreiz 165
Brucella abortus 27
Brucellose 27

C
Calliphora 109
Candida 30
Capillaria 186
– aerophila 173
Capillaria-Arten 168
cat cratch disease 28
Ceratophyllus-Arten 96
Ceratophyllus gallinae 103
Cercarien 137
Cheyletiella-Arten 84
Chlamydia psittaci 27
Coccidien 121

Coccidiose 127
Coracidium 140
Coxiella burneti 28
creeping eruption 46
Crenosoma vulpis 174
Cryptococcus 30
Cryptosporidium-Arten 132
Ctenocephalides canis 93, 103
Ctenocephalides felis 93, 95
Culex 105, 178
Culicoides-Arten 107
Cysticercoid 146
Cysticercus fasciolaris 142
Cystoisospora 131
− felis 125
− rivolta 125
Cystoisospora-Arten 125
Cytauxzoon felis 175

D
Darmegel 134
Dasselfliege 111
Dauerstadium 137
Demodex-Arten 70
Demodex-Räude 72
Demodikose 72
Dermacentor marginatus 58
Dermanyssus gallinae 89
Dermatobia hominis 111
Dermatophagoides 70
− pteronyssinus 13
Dermestes lardarius 13
Desinfektion 81, 129, 158
Desinfektionsmittel 50, 78, 120, 124, 158
Diarrhöe 9, 117
Differentialdiagnose 4, 30
Dioctophyme renale 166
Diphyllobothrium 185
− latum 138
Dipylidium 185
− caninum 145

Dirofilaria immitis 108, 177
Dirofilariose 178
Drahtwurm 98
Durchfall 117

E
Echinococcose 39, 43
Echinococcus 185
Echinococcus multilocularis 39, 149
Echinostomatiden 137
echte Spinne 15
Einzeller 99
Eipaket 185
Ektoparasit 2, 54
Encephalitis 28
Endoparasit 2
Endwirt 2
Entflohung 102
Entwesung 51, 68
Fadenwurm 186
Fannia 109
Federling 113
Fehlwirt 2
Felicola subrostratus 112
Fellmilbe 84
Fellpflege 52
Fiebermücke 107
Fischbandwurm 138
Fliege 109
Fliegenlarve 111, 175
Floh 92, 145
Flohbekämpfung 101
Flohlarve 98
Franciscella tularensis 28
Frühsommer-Meningo-encephalitis 62
FSME-Viren 62
Fuchsbandwurm 39, 148

G
Gattung 4
Gemeiner Holzbock 59

Gewebezyste 35, 121
Giardia cati 118
Giardia felis 118
Giardiose 119
Glanzfliege 111
Gnitzen 107
Goldgrüne Fleischfliege 110
Grabemilbe 69
Graue Fleischfliege 110, 111
Gurkenkernbandwurm 99, 114, 144

H
Haarbalgmilbe 70
Haarling 112, 145
Haemaphysalis sp. 58
Haemobartonellen 67, 177
Haemobartonellose 68
Hakenwurm 46, 159
Hakenwurmkrankheit 46
Haller'sches Organ 59
Hausmücke 105
Hausstauballergie 70
Hausstaubmilbe 13
Hautleishmanien 115
Hautleishmaniose 116
Hautmaulwurf 46, 162
Hautmilbe 75
Hautpilz 77
Häutungshemmer 51
Hepatozoon 67
– canis 175
Hepatozoonose 68
Herbstgrasmilbe 87
Herzwurm 177
Herzwurmkrankheit 178
Heterophyes 184
– heterophyes 135
Holzbock 58, 61
Hühnerfloh 103
Hühnermilbe 89
Hundefloh 103
Hydatigera 142

I
Igelfloh 103
Immunschwäche 37
Impfung 26
Infektionsrisiko 49
Infektionsweg 20
Inkubationszeit 3
Ixodes
– canisuga 58
– hexagonus 58
– ricinus 58, 59, 61

J
Juckreiz 147

K
Kaninchenfloh 103
Katzenbandwurm 142
Katzenfloh 93, 95
Katzenkratzkrankheit 22, 28
Kleine Stubenfliege 111
Kokon 97
Kommensalismus 3
konnatale Infektion 37
Kontaktinsektizid 68, 81
Kopfräude 76
Kriebelmücke 107
Kryptosporidiose 132

L
Landschnecke 173
Larva migrans cutanea 46, 47, 161
Larva migrans visceralis 45, 157
Larve 61, 82
Leberegel 134
Lederzecke 56
Leishmania 115
Leishmania-Erreger 108
Leishmaniose 116
Lucilia 109
Lungenwurm 172
Lyssavirus 23

M

Made 111
Magenwurm 163
maladie des griffes 28
Mäusemilbe 91
Menschenfloh 93, 103
Mesocestoides 185
Mesocestoides-Arten 152
Metastasenbildung 43, 44
Metazerkarien 134, 137
Microsporum canis 30
Milbe 69
Milbenlarve 175
Miracidium 137
Moskito 104
Mücke 104
Mückenentwicklung 106
multilokuläre Zyste 150
Musca 109
Mycobacterium tuberculosis 28
Myiasis 111
Mykose 22, 29

N

Nacktschnecke 173
Nagemilbe 69
Nagerfloh 93, 94
Nematoden 154, 164
Neotrombicula autumnalis 87
Nierenwurm 166
Nosophyllus-Arten 96
Nosophyllus fasciatus 103
Notoedres 79
– cati 75
Nymphe 61, 82

O

Ohrmilbe 82
Ohrräude 83
Ollulanose 165
Ollulanus tricuspis 164
Oncosphaera 40, 41, 150, 185
Oozyste 32, 50, 121, 125, 127
Opisthorchis 184
– felineus 134, 135
Ornithonyssus bacoti 91
Otodectes cynotis 82

P

Papageienkrankheit 27
Parasit 1, 31
Parasitose 3, 22
Parovirus 23
Paruterinorgan 152, 153, 185
Pasteurella 28
Pasteurellose 28
Patenz 3
Phlebotomus 115
Phlebotomus-Arten 107
Phormia 109
Pilz 29
Plerocercoid 139, 140
Pneumocystis carinii 170
Präpatenz 3
Procercoid 139, 140
Proglottide 40, 141, 143, 148, 149
Prophylaxe 19
Proteus 72
Protoskolex 40
Protoskolizes 150
Pseudomonas 72
Pseudozyste 35
Psittakose 27
Pulex irritans 94, 96, 103
Puppenstadium 97

Q

Q-Fieber 28

R

Rabiesvirus 23
Rattenfloh 104
Raubmilbe 77

Räude 72, 76, 80, 85
Regenwurm 168
Repellentien 108, 112
Reservoir 62
Rhipicephalus sanguineus 58, 65
Rickettsien 67, 177
Rote Vogelmilbe 89

S
Sandmücke 107, 115
Sarcocystiose 129
Sarcocystis-Arten 128
Sarcophaga 109
Sarcoptes sp. 79, 83
Sarkosporidiose 129
Sauggrube 139
Saugläuseart 113
Säuglingstoxoplasmose 37
Saugmilbe 69
Saugwurm 134, 184
Schildzecke 56, 58
Schlittenfahren 9
Schlüssel 14
Schmarotzer 1
Schmeißfliege 109
Sekundärinfektion 74
Sensilium 96
Simulium-Arten 107
Siphonaptera 92
Skolex 142, 149
Sparganum 139
Speckkäfer 13
Spilopsyllus cuniculi 103
Spinnentier 55
Sporozoit 126
Sporozyste 126
Spulwurm 44, 154
Stapelwirt 2, 167
Staphylococcus 72
Staubmilbe 69
Stechmücke 104, 178
Strobilocercus 142

Symptom 9
Symptomatik 5

T
Tachyzoiten 181
Taenia 185
– taeniaeformis 142
Taenia-Arten 149
Teppichkäfer 13
Tetrathyridium-Larve 152
Tiermedikament 187
Tollwut 22, 23
Toxascaris 186
– leonina 154
Toxocara 186
– cati 155
– mystax 155
Toxocarose 44, 157
Toxoplasma gondii 32, 121, 180
Toxoplasmose 32, 36, 123, 181
Transportwirt 156, 161, 173
Trichinella spiralis 181
Trichinen 181
Trichinose 182
Trichophyton-Arten 30
Trophozoit 118, 171
Tuberkulose 28
Tularämie 28

U
Übertragung 19, 23
Umgebungsbehandlung 101
Ungezieferhalsband 63, 86, 100
Ungezieferpuder 63

V
Vektor 2, 28
Verabreichung 188
Verhalten 5

Virus 22, 98, 107
Vogelmilbe 91
Vomitus 165
Vorratsmilbe 69

W

Wanderlarve 45, 46
Waschlösung 30, 78
Waschlotion 74, 81
Wasserschnecke 134
Weberknecht 15
Wiesenmücke 106
Wirtsfindung 96

Wirtssuche 59
Wirtstyp 2
Wurmeitafeln 184
Wurmkur 52, 187, 188

Z

Zecke 55
Zeckenentfernung 64, 65
Zeckenhalsband 63
Zoonose 3, 22, 24, 28, 76, 80
Zwischenwirt 2
Zyste 33, 41, 42, 118, 121, 171

Springer-Verlag und Umwelt

Als internationaler wissenschaftlicher Verlag sind wir uns unserer besonderen Verpflichtung der Umwelt gegenüber bewußt und beziehen umweltorientierte Grundsätze in Unternehmensentscheidungen mit ein.

Von unseren Geschäftspartnern (Druckereien, Papierfabriken, Verpackungsherstellern usw.) verlangen wir, daß sie sowohl beim Herstellungsprozeß selbst als auch beim Einsatz der zur Verwendung kommenden Materialien ökologische Gesichtspunkte berücksichtigen.

Das für dieses Buch verwendete Papier ist aus chlorfrei bzw. chlorarm hergestelltem Zellstoff gefertigt und im ph-Wert neutral.

GPSR Compliance

The European Union's (EU) General Product Safety Regulation (GPSR) is a set of rules that requires consumer products to be safe and our obligations to ensure this.

If you have any concerns about our products, you can contact us on

ProductSafety@springernature.com

In case Publisher is established outside the EU, the EU authorized representative is:

Springer Nature Customer Service Center GmbH
Europaplatz 3
69115 Heidelberg, Germany